教育部高等学校管理科学与
工程类学科专业教学指导委员会推荐教材

数据库系统应用教程

主　编　王　成

副主编　王　铁　安佳慧

参　编　岑　磊　赵文厦

机械工业出版社

本书系统地阐述了数据库的基础理论、基本技术和方法。全书共分 7 章,主要内容包括数据库系统概述、关系数据库、关系数据库标准语言 SQL、关系数据库规范化理论、数据库设计、数据保护以及数据库实验。本书每章后均有习题,并提供了参考答案。

本书结构完整、内容精炼、实用性强,可作为高等学校非计算机专业数据库课程的教材,也可作为从事数据库系统研究和开发人员的参考书。

图书在版编目(CIP)数据

数据库系统应用教程/王成主编. —北京:机械工业出版社,2012.8
教育部高等学校管理科学与工程类学科专业教学指导委员会推荐教材
ISBN 978-7-111-40037-0

Ⅰ.①数… Ⅱ.①王… Ⅲ.①数据库系统 – 高等学校 – 教材
Ⅳ.①TP311.13

中国版本图书馆 CIP 数据核字(2012)第 241376 号

机械工业出版社(北京市百万庄大街 22 号 邮政编码 100037)
总 策 划:邓海平 张敬柱
策划编辑:易 敏 责任编辑:易 敏 崔利平
版式设计:霍永明 责任校对:纪 敬
封面设计:张 静 责任印制:乔 宇
三河市宏达印刷有限公司印刷
2013 年 1 月第 1 版第 1 次印刷
184mm×260mm·14.5 印张·335 千字
标准书号:ISBN 978-7-111-40037-0
定价:33.80 元

凡购本书,如有缺页、倒页、脱页,由本社发行部调换
电话服务   网络服务
社服务中心:(010)88361066   教 材 网:http://www.cmpedu.com
销 售 一 部:(010)68326294   机工官网:http://www.cmpbook.com
销 售 二 部:(010)88379649   机工官博:http://weibo.com/cmp1952
读者购书热线:(010)88379203   **封面无防伪标均为盗版**

教育部高等学校管理科学与工程类学科专业
教学指导委员会推荐教材

编 审 委 员 会

序

当前，我国已成为全球第二大经济体，且经济仍维持着较高的增速。如何在发展经济的同时，建设资源节约型、环境友好型的和谐社会；如何走从资源消耗型、劳动密集型的粗放型发展模式，转变为"科技进步，劳动者素质提高，管理创新"型的低成本、高效率、高质量、注重环保的精益发展模式，就成为摆在我们面前的一个亟待解决的课题。应用现代科学方法与科技成就来阐明和揭示管理活动的规律，以提高管理的效率为特征的管理科学与工程类学科，无疑是破解这个难题的一个重要手段和工具。因此，尽快培养一大批精于管理科学与工程理论和方法，并能将其灵活运用于实践的高层次人才，就显得尤为迫切。

为了提升人才育成质量，近年来教育部等相关部委出台了一系列指导意见，如《高等学校本科教学质量与教学改革工程的意见》等，以此来进一步深化高等学校的教学改革，提高人才培养的能力和水平，更好地满足经济社会发展对高素质创新型人才的需要。教育部高等学校管理科学与工程类学科专业教学指导委员会（以下简称教指委）也积极采取措施，组织专家编写出版了"工业工程"、"工程管理"、"信息管理与信息系统"、"管理科学与工程"等专业的系列教材，如由机械工业出版社出版的"21世纪工业工程专业规划教材"就是其中的成功典范。这些教材的出版，初步满足了高等学校管理科学与工程学科教学的需要。

但是，随着我国国民经济的高速发展和国际地位的不断提高，国家和社会对管理学科的发展提出了更高的要求，对相关人才的需求也越来越广泛。在此背景下，教指委在深入调研的基础上，决定全面、系统、高质量地建设一批适合高等学校本科教学要求和教学改革方向的管理科学与工程类学科系列教材，以推动管理科学与工程类学科教学和教材建设工作的健康、有序发展。为此，在"十一五"后期，教指委联合机械工业出版社采用招标的方式开展了面向全国的优秀教材遴选工作，先后共收到投标立项申请书300多份，经教指委组织专家严格评审、筛选，有60多种教材纳入了规划（其中，有20多种教材是国家级或省级精品课配套教材）。2010年1月9日，"全国高等学校管理科学与工程类学科系列规划教材启动会"在北京召开，来自全国50多所著名大学和普通院校的80多名专家学者参加了会议，并对该套教材的定位、特色、出版进度等进行了深入、细致的分析、研讨和规划。

本套教材在充分吸收先前教材成果的基础上，坚持全面、系统、高质量的建设原则，从完善学科体系的高度出发，进行了全方位的规划，既包括学科核心课、专业主干课教材，也涵盖了特色专业课教材，以及主干课程案例教材等。同时，为了保证整套教材的规范性、系统性、原创性和实用性，还从结构、内容等方面详细制定了本套教材的"编写指引"，如在内容组织上，要求工具、手段、方法明确，定量分析清楚，适当增加文献综述、趋势展望，以及实用性、可操作性强的案例等内容。此外，为了方便教学，每本教材都配有 CAI 课件，并采用双色印刷。

本套教材的编写单位既包括了北京大学、清华大学、西安交通大学、天津大学、南开大学、北京航空航天大学、南京大学、上海交通大学、复旦大学、西安电子科技大学等国内的重点大学，也吸纳了安徽工业大学、内蒙古科技大学、中国计量学院、石家庄铁道大学等普通高校；既保证了本套教材的较高的学术水平，也兼顾了普适性和代表性。这套教材以管理科学与工程类各专业本科生及研究生为主要读者对象，也可供相关企业从业人员学习参考。

尽管我们不遗余力，以满足时代和读者的需要为最高出发点和最终落脚点，但可以肯定的是，本套教材仍会存在这样或那样不尽如人意之处，诚恳地希望读者和同行专家提出宝贵的意见，给予批评指正。在此，我谨代表教指委、出版者和各位作者表示衷心的感谢！

教育部高等学校管理科学与工程类学科专业教学指导委员会主任

前　言

数据库技术是计算机科学的重要分支，也是计算机领域中应用最广泛、发展最迅速的技术之一。当今，信息资源已成为社会的重要财富和资源。建立一套行之有效的信息系统已成为企业或组织生存和发展的重要条件。作为信息系统核心和基础的数据库技术由此得到越来越广泛的应用，从小型事务处理系统到大型信息系统，从联机事务处理到联机分析处理，从传统的数据管理到空间数据库、工程数据库等特定应用领域，数据库的应用几乎遍及社会的各个领域。对于一个国家来说，数据库建设规模的大小、数据库信息量的大小和使用频度的高低已成为衡量这个国家信息化程度的重要标志。

目前很多高校都开设了数据库课程，并将其作为一门基础必修课。了解和掌握有关数据库的基础知识并具备一定的实践能力，已经不仅仅是针对计算机专业学生所提出的要求。本书主要是为高校非计算机专业学生学习数据库课程而编写的，是在作者多年的数据库课程教学和数据库系统开发工作基础之上完成的。

本书简洁而又精炼地介绍了数据库的基础理论、基本技术和方法，如关系数据库理论、关系规范化理论、数据库设计理论、关系数据库标准语言、数据库保护等，并在每章后有针对性地设置了习题，便于学生通过练习进一步加深和巩固所学知识。同时，为了配合数据库课程的实验教学，编者围绕基本理论编写了数据库实验内容，以 SQL Server 为实验环境，设计了创建数据库、数据更新、简单查询、复杂查询、视图操作、Transact-SQL程序设计、存储过程与触发器、数据库备份与恢复、数据转换、数据库安全性与授权、SQL Server 管理、数据库设计等实验项目。通过对这些实验项目的学习，学生能较为全面地掌握 SQL Server 的主要功能和操作方法，具备一定的实践应用能力。

本书分七章，主要内容如下：

第 1 章是数据库系统概述，介绍了数据管理技术的产生和发展、数据库的基本概念、数据模型的分类以及数据库的一些新技术。

第 2 章主要介绍了关系数据库的基本理论，包括关系数据结构、关系完整性和关系操作的概念，关系操作中主要介绍了关系代数。

第 3 章主要介绍了关系数据库标准语言——SQL，包括 SQL 的基本概念、SQL 数据定义、数据查询、数据更新、视图和数据控制等命令。

第 4 章主要介绍了关系规范化理论，包括数据依赖、范式、关系模式规范化以及函数依赖公理。

第 5 章主要介绍了数据库设计理论，包括数据库设计的原则和方法、数据库设计的步骤，并列举了相关的示例。

第 6 章主要介绍了数据保护，包括数据的安全性、完整性、并发控制、数据恢复以及数据库复制与数据库镜像。

第 7 章主要介绍了数据库实验，以 SQL Server 为环境，介绍了实验操作内容。读者在掌握了 SQL 基础后，可以独立完成实验内容。

本书可作为高等学校非计算机专业数据库课程的教材，也可作为数据库系统研究和开发人员的参考书。

本书由王成任主编，王铁、安佳慧任副主编。其中王成编写了第 3 章和第 5 章，王铁编写了第 4 章和第 6 章，安佳慧编写了第 1 章和第 2 章，岑磊、赵文厦编写了第 7 章和习题参考答案，最后由王成进行了统稿。

由于时间比较仓促，加之编者水平有限，如有不当之处，恳请广大读者批评指正。

编　者

目　录

第 1 章

数据库系统概述

数据库，简单地说就是数据的仓库，即数据存放的地方。我们周围有许多数据库的例子，如通讯录是一个小型的数据库，图书馆则是一个典型的大型数据库；当人们进行股票交易、银行取款、订购车票、查询资料等活动时，都需要与数据库打交道。数据库系统已经成为人们提高工作效率和管理水平的重要手段，也是企业提高竞争力的有力武器。

数据库技术产生于 20 世纪 60 年代中期，是数据管理的最新技术，是计算机科学的重要分支。当今的信息化社会，信息资源已经成为各行各业的重要财富和资源，针对各行业或组织设计的信息系统已经成为其发展的重要基础条件。数据库技术是信息系统的核心和基础，因而得到了快速的发展和越来越广泛的应用。对于一个国家来说，数据库建设规模的大小、数据库信息量的大小和使用频度的高低已成为衡量这个国家信息化程度的重要标志。

本章主要介绍数据管理技术的发展过程、数据模型的分类、数据库系统的结构以及数据库的新技术，从中可以学习到为什么要使用数据库技术以及数据库技术的重要性。本章内容是后面各章节的准备和基础。

1.1 数据管理技术

1.1.1 数据管理技术的产生和发展

数据管理技术是应数据管理任务的需要而产生的，数据管理是指对数据进行收集、组织、编码、存储、检索和维护等活动。随着计算机硬件和软件的发展，数据管理技术经历了人工管理、文件系统和数据库系统三个阶段。

1. 人工管理阶段

20 世纪 50 年代中期以前，计算机主要用于科学计算。硬件存储设备主要有磁带、卡片机、纸带机等，还没有磁盘等直接存取的存储设备；软件方面也处于初级阶段，没有操作系统和管理数据的工具；数据的处理方式是批处理，数据的组织和管理完全靠程序员手工完成，因此称为"人工管理阶段"。这个阶段数据的管理效率很低，其特点如下：

（1）数据不保存

该时期的计算机主要用于科学计算，一般不需要将数据长期保存，只是在计算某一课题时将数据输入，用完后不保存原始数据，也不保存计算结果。

（2）应用程序管理数据

数据需要由应用程序自己管理，没有相应的软件系统负责数据的管理工作。所以程序员在编写应用程序时，不但要规定数据的逻辑结构而且还要设计物理结构，设计任务繁重。

（3）数据不共享，冗余数据多

数据是面向应用程序的，一组数据只能对应一个程序。当多个应用程序涉及某些相同的数据时，必须各自定义，无法相互利用、参照，因此程序与程序之间有大量的冗余数据。

（4）数据不具有独立性

数据的逻辑结构或物理结构发生变化后，必须对应用程序做相应的修改，这更增加了程序员的负担。

人工管理阶段应用程序与数据之间的对应关系如图 1-1 所示。

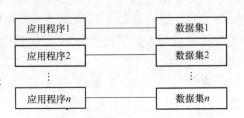

图 1-1　人工管理阶段应用程序与数据的对应关系

2. 文件系统阶段

20 世纪 50 年代后期到 60 年代中期，计算机得到广泛应用。硬件已经有了磁盘、磁鼓等直接存取的存储设备；软件方面，操作系统中已经有了专门的数据管理软件，一般称为文件系统；处理方式上不但能进行批处理，而且能够实现联机实时处理。用文件系统管理数据具有如下特点：

（1）数据可以长期保存

由于计算机大量用于数据处理，数据需要长期保留在外存上，以供查询、更新等操作。

（2）由文件系统管理数据

文件系统把数据组织成相互独立的数据文件，利用"按文件名访问，按记录进行存取"的管理技术，可以对文件进行修改、插入和删除操作。文件系统实现了记录内的结构化，但整体无结构。程序和数据之间的对话由文件系统的存取方法提供转换，使得应用程序与数据之间有了一定的独立性，程序员可以不必过多地考虑物理细节，而将精力集中于算法，而且数据在存储上的改变不一定反映在程序上，节省了维护程序的工作量。

（3）数据共享性差，冗余度大

在文件系统中，一个（或一组）文件对应一个应用程序，文件是面向应用的。当不同的应用程序具有部分相同的数据时，也必须建立各自的文件，而不能共享相同的数据，因此数据冗余度大，浪费存储空间。同时可能造成数据的不一致性，给数据维护带来困难。

（4）数据独立性差

文件系统中的文件是为某个特定应用服务的，文件的逻辑结构对该应用程序来说是最优的，因此想对现有的数据增加一些新的应用是很困难的，系统扩充性不好。一旦数据的逻辑结构发生变化，就必须修改应用程序。数据和应用程序之间缺乏独立性。

文件系统阶段应用程序与数据之间的对应关系如图 1-2 所示。

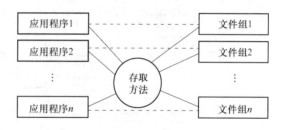

图 1-2　文件系统阶段应用程序与数据的对应关系

3. 数据库系统阶段

20 世纪 60 年代后期以来，计算机用于管理的规模更为庞大，应用越来越广泛，数据量急剧增长，同时多种应用、多种语言共享数据集合的要求越来越强烈。这时硬件已有了大容量的磁盘，硬件价格下降；在处理方式上，联机实时处理要求更多，并开始提出和考虑分布处理。在这样的背景下，以文件系统作为数据管理手段已经不能满足应用的需求，为解决多用户、多应用共享数据的需求，出现了统一管理数据的专门软件系统——数据库管理系统。

从文件系统到数据库系统，是数据管理技术的一个飞跃。用数据库系统来管理数据具有如下特点：

（1）数据结构化

数据结构化是数据库系统与文件系统的根本区别。文件系统阶段只考虑同一文件记录内部数据项之间的联系，而不同文件的记录之间是没有联系的，也就是说，从整体上看数据是无结构的。数据库实现了整体数据的结构化，它把文件系统中的简单记录结构变成了记录和记录之间的联系所构成的结构化数据。在描述数据的时候，不仅要描述数据本身，还要描述数据之间的联系。

（2）数据的共享性好，冗余度低

数据的共享程度直接关系到数据的冗余度。文件系统中，一个文件基本上对应一个应用程序，文件是面向应用的，不能共享相同的数据，因此冗余度大。数据库中的数据考虑所有用户的数据需求，是面向整个系统组织的，而不是面向某个具体应用的，减少了数据的冗余。

（3）数据独立性高

数据独立性是指数据库中的数据与应用程序之间不存在依赖关系，而是相互独立的。数据独立性包括数据的物理独立性和数据的逻辑独立性。物理独立性是指用户的应用程序与存储在磁盘上的数据库中数据是相互独立的。逻辑独立性是指用户的应用程序与数据库的逻辑结构是相互独立的，也就是说数据的逻辑结构改变了，用户程序可以不变。数据独立性是由数据库管理系统的二级映像功能保证的。

（4）数据由数据库管理系统统一管理和控制

数据库的共享是并发的共享，即多个用户可以同时存取数据库中的数据，甚至可以同时存取数据库中的同一个数据，这要求数据不仅要由数据库管理系统进行统一的管理，同时还要进行统一的控制。具体的控制功能包括数据的安全性保护、数据的完整性检查、数据的并发控制和数据库的恢复。

数据库系统阶段应用程序与数据之间的对应关系如图 1-3 所示。

数据管理技术三个阶段的特点及其比较如表 1-1 所示。

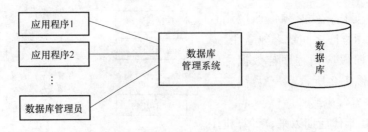

图 1-3　数据库系统阶段应用程序与数据的对应关系

表 1-1　数据管理技术三个阶段的比较

阶段 要素	人工管理阶段	文件系统阶段	数据库系统阶段
时间	20 世纪 50 年代中期以前	20 世纪 50 年代后期到 60 年代中期	20 世纪 60 年代后期至今
应用背景	科学计算	科学计算、管理	大规模管理
硬件背景	无直接存取存储设备	磁盘、磁鼓	大容量磁盘
软件背景	没有操作系统	有操作系统（文件系统）	有数据库管理系统
处理方式	批处理	批处理、联机实时处理	批处理、联机实时处理、分布处理
数据保存方式	数据不保存	以文件的形式长期保存，但无结构	以数据库形式保存，有结构
数据管理	考虑安排数据的物理存储位置	与数据文件名打交道	对所有数据实行统一、集中、独立的管理
数据与程序	数据面向程序	数据与程序脱离	数据与程序脱离，实现数据的共享
数据的管理者	人	文件系统	数据库管理系统
数据面向的对象	某一应用程序	某一应用程序	现实世界
数据的共享程度	无共享	共享性差	共享性高
数据的冗余度	冗余度极大	冗余度大	冗余度小
数据的独立性	不独立，完全依赖于程序	独立性差	具有高度的物理独立性和一定的逻辑独立性
数据的结构化	无结构	记录内有结构，整体无结构	整体结构化，用数据模型描述
数据的控制能力	应用程序自己控制	应用程序自己控制	由数据库管理系统提供数据的安全性、完整性、并发控制和恢复能力

1.1.2　数据库系统的基本概念

1. 数据（Data）

数据是数据库中存储的基本对象，它有多种表现形式。大多数人头脑中的第一反应是数据就是数字，其实数字只是最简单的一种数据，数据还包括文字、图形、图像、声音、语言等，它们可以经过数字化后存入计算机。

数据是指描述事物的符号记录。这些符号可以是文字、图形、声音、图像等。

数据的含义称为数据的语义，数据与其语义是不可分的。例如，学生档案表中有一个记录的描述如下：

（王一，男，1985-7-2，黑龙江，管理科学与工程系）

这个记录就是数据。对于了解其含义的人会得到这样的信息：姓名是王一，性别为男，1985 年 7 月 2 日出生，黑龙江人，在管理科学与工程系读书；不了解其语义的人则无法理解其含义。可见，数据的形式还不能完全表达其内容，需要经过解释。所以，数据和关于数据的解释是不可分的。

2. 数据库（DataBase，DB）

数据库是一个长期存储在计算机内，有组织的、可共享的、统一管理的数据集合。它是一个按数据结构来存储和管理数据的计算机软件系统，具有较小的冗余度、较高的数据独立性和易扩展性，可以为各种用户共享。

数据的长期存储、有组织和可共享是数据库的三个基本特点。

3. 数据库管理系统（DataBase Management System，DBMS）

数据库管理系统是为数据库的建立、使用和维护而配置的系统软件。它建立在操作系统的基础上，对数据库进行统一的管理和控制，是位于用户与操作系统之间的一个数据管理软件，是数据库系统的重要组成部分。它的主要功能包括以下几个方面：

（1）数据定义功能

DBMS 提供数据定义语言（Data Definition Language，DDL），用户通过它可以方便地对数据库中的数据对象进行定义。

（2）数据操纵功能

DBMS 提供数据操纵语言（Data Manipulation Language，DML），用户可以使用它操纵数据来完成对数据库的基本操作，如查询、插入、删除、修改等。

（3）数据库的运行管理功能

数据库在建立、运行和维护时由数据库管理系统统一进行管理和控制，从而保证数据的安全性、完整性、并发控制及故障发生后的系统恢复。

（4）数据库的建立和维护功能

数据库初始数据的输入、转换功能，数据库的转储、恢复功能，数据库的重新组织功能、分析功能等这些功能通常是由一些实用程序完成的。

4. 数据库管理员（DataBase Administrator，DBA）

数据库管理员是负责管理和维护数据库服务器的人员。**数据库管理员负责全面地管理和控制数据库系统**，其主要工作有以下几个方面：

（1）DBA 应参与数据库和应用系统的设计

数据库管理员是用户，他们对系统应用的现实世界非常了解，能够提出更合理的要求和建议，所以有 DBA 参与系统及数据库的设计可以使其设计更合理。

（2）DBA 应参与决定数据库的存储结构和存取策略的工作

数据库管理员要综合各用户的应用要求，和数据库设计员共同决定数据的存储结构和存取策略，使数据的存储空间利用得更合理，存取效率更高。

（3）DBA 要负责定义数据的安全性要求和完整性条件

数据库管理员的重要职责是保证数据库的安全性和数据完整性。DBA 要负责定义各用户的数据使用权限、数据保密级别和数据完整性的约束条件。

（4）DBA 负责监视和控制数据库系统的运行以及系统的维护和数据恢复工作

数据库管理员要负责监视系统的运行，及时处理系统运行过程中出现的问题，排除系统故障，保证系统能够正常工作。

（5）DBA 负责数据库的改进和重组

数据库管理员负责监视和分析系统的性能，使系统的空间利用率和处理效率总是处于较高的水平。

5. 数据库系统（DataBase System，DBS）

数据库系统是指在计算机系统中引入数据库后的系统，一般由数据库、数据库管理系统、应用系统、数据库管理员和用户构成。数据库系统示意图如图 1-4 所示。

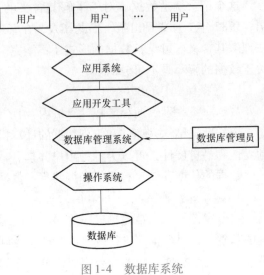

图 1-4 数据库系统

在不引起混淆的情况下，数据库系统可以简称为数据库。

1.1.3 数据库技术的发展及研究领域

1. 数据库技术的发展

数据库技术最初产生于 20 世纪 60 年代中期，特别是到了 20 世纪 60 年代后期，随着计算机管理数据的规模越来越大，应用越来越广泛，数据库技术也在不断地发展和提高，先后经历了第一代的网状、层次数据库系统，第二代的关系数据库系统，第三代的以面向对象模型为主要特征的数据库系统。

第一代数据库技术是网状、层次数据库系统，其代表是 1969 年 IBM 公司研制和开发的数据库管理系统 IMS 和 20 世纪 70 年代美国数据库系统语言协会 CODASYL 下属数据库任务组 DBTG 提出的若干报告。IMS 系统的数据模型是层次结构的，它是一个层次数据库管理系统，是首例成功的数据库管理系统的商品软件；DBTG 所提议的方法是基于网状结构的，它是数据库网状模型的基础和典型代表。这两种数据库奠定了现代数据库技术发展的基础。

第二代数据库的主要特征是支持关系数据模型。在 20 世纪 70 年代，IBM 公司 San Jose 研究实验室的研究员 E. F. Codd 发表了题为《大型共享数据库的数据关系模型》的论文。文中提出了数据库的关系模型，从而开创了数据库关系方法和关系数据理论的研究领域，为关系数据库技术奠定了理论基础。

第三代数据库产生于 20 世纪 80 年代，随着科学技术的不断进步，各个行业领域对数据库技术提出了更多的需求，关系型数据库已经不能完全满足需求，于是产生了第三代数据库。第三代数据库支持多种数据模型（如关系模型和面向对象的模型），并和诸多新技术相结合（如分布处理技术、并行计算技术、人工智能技术、多媒体技术、模糊技术），广泛应用于多个领域（比如商业管理、GIS、计划统计等），由此也衍生出多种新的数据库技术。

2. 数据库技术的研究领域

目前虽然有了一些比较成熟的数据库技术，但随着计算机硬件的发展和应用范围的扩大，数据库技术也需要不断向前发展。概括地讲，当前数据库学科主要研究范围有以下三个领域。

（1）数据库管理系统软件的研制

DBMS 是数据库应用系统的基础。DBMS 的研制包括 DBMS 本身及以 DBMS 为核心的一组相互联系的软件系统，包括工具软件和中间件，如 OODBS（面向对象数据库系统）、多媒体数据库系统等。研制的目标是提高系统的性能和提高用户的生产率。

（2）数据库设计的研究

数据库设计的主要任务是在 DBMS 的支持下，按照应用要求为某一部门或组织设计一个结构合理、使用方便、效率较高的数据库及其应用系统。在数据库设计领域中，主要开展的课题是研究数据库系统的设计方法和设计工具，其中包括对数据库的设计方法、设计工具和理论的研究，对数据模型和数据建模方法的研究，对计算机辅助设计数据库的设计方法及其软件系统的研究，数据库设计规范和标准的研究等。

（3）数据库理论的研究

数据库理论的研究主要集中于关系规范化理论、关系数据理论等。近年来，随着人工智能与数据库理论的结合以及并行计算技术等的发展，数据库逻辑演绎和知识推理、数据库中的知识发现、并行算法等都成为新的理论研究方向。随着数据库应用领域的不断扩展，计算机技术的迅猛发展，数据库技术与人工智能技术、网络通信技术、并行计算技术等相互渗透、相互结合，使数据库技术不断涌现新的研究方向：如基于 Web 的数据库技术、移动计算技术等。

1.2 数据模型

数据模型是现实世界数据特征的抽象。由于计算机不可能直接处理现实世界中的具体事物，所以人们必须事先把具体事物转换成计算机能够处理的数据。也就是首先要数字化，把现实世界中具体的人、物、活动、概念用数据模型这个工具来抽象、表示和处理。通俗地讲，数据模型就是现实世界的模拟。现有的数据库系统都是基于某种数据模型的。

数据模型应满足三方面的要求：一是能比较真实地模拟现实世界，二是容易为人所理解，三是便于在计算机上实现。目前一种数据模型要很好地满足这三方面的要求，还较为困难。因此，在数据库系统中要针对不同的使用对象和应用目的采用不同的数据模型。数据模型是数据库系统的核心和基础。

1.2.1 数据模型的组成要素

一般地讲，任何一种数据模型都是严格定义的概念的集合。这些概念必须能精确描述系统的静态特性、动态特性和完整性约束条件。因此，数据模型通常都由数据结构、数据操作和完整性约束三个要素组成。

1. 数据结构

数据结构用于描述系统的静态特征，是所研究的对象类型的集合。这些对象是数据库的组成部分，包括两个方面。

① 数据本身：数据的类型、内容和性质等。例如，关系模型中的属性、域等。

② 数据之间的联系：数据之间是如何相互关联的。例如，关系模型中的主码、外码联系等。

数据结构是刻画一个数据模型性质最重要的方面。因此，在数据库系统中，人们通常按照数据结构的类型来命名数据模型。例如，采用层次型数据结构、网状型数据结构和关系型数据结构的数据模型分别被命名为层次模型、网状模型和关系模型。

2. 数据操作

数据操作是对数据库中的各种对象（型）的实例（值）允许执行的操作集合。数据操作包括操作对象及有关的操作规则，主要有检索和更新（包括插入、删除和修改）两类。

数据模型必须对数据库中的全部数据操作进行定义，指明每项数据操作的确切含义、操作对象、操作符号、操作规则以及对操作的语言约束等。数据操作是对系统动态特征的描述。

3. 完整性约束

数据的完整性约束条件是一组完整性规则的集合，它定义了给定数据模型中的数据及其联系所具有的制约和依存规则，用以限定符合数据模型的数据库状态及其状态的变化，以保证数据库中数据的正确性、有效性和相容性。

每种数据模型都规定有通用和特殊的完整性约束条件。

（1）通用的完整性约束条件

通常把具有普遍性的问题归纳成一组通用的约束规则，只有在满足给定约束规则的条件下才允许对数据库进行更新操作。例如，关系模型中通用的约束规则是实体完整性和参照完整性。

（2）特殊的完整性约束条件

把能够反映某一应用中涉及的数据所必须遵守的特定语义约束条件定义成特殊的完整性约束条件。例如，关系模型中特殊的约束规则是用户定义的完整性。

数据结构、数据操作和数据的约束条件称为数据模型的三要素。

1.2.2 数据模型的分类

不同的数据模型实际上是提供给我们模型化数据和信息的不同工具。根据模型应用的不同目的，可以将这些模型划分为两类，它们分属于两个不同的层次：第一类模型是概念模型，第二类是逻辑模型和物理模型。

概念模型也称信息模型，它是一种独立于计算机系统的数据模型，完全不涉及信息在计算机中的表示，只是用来描述某个特定组织所关心的信息结构，是对现实世界的第一层抽象。概念模型是按照用户的观点对数据建模，强调其语义的表达能力。概念模型应该简单、清晰、易于用户理解，它是用户和数据库设计人员之间进行交流的语言和工具。

逻辑模型主要包括网状模型、层次模型、关系模型等，它是按计算机系统的观点对数据建模，主要用于 DBMS 实现。

物理模型是对数据最低层的抽象，它描述数据在系统内部的表示方式和存取方法，在磁盘或磁带上的存储方式和存取方法，是面向计算机系统的。物理模型的具体实现是 DBMS 的任务，数据库设计人员要了解和选择物理数据模型，一般用户则不必考虑物理级的细节。

为了把现实世界中的具体事物抽象、组织为某一 DBMS 支持的数据模型，人们常常首先将现实世界抽象为信息世界，然后将信息世界转换为机器世界。即首先把现实世界中的客观事物及其联系抽象为某一种信息结构，这种信息结构并不依赖于具体的计算机系统，不是某一 DBMS 支持的数据模型，而是概念级的模型；然后再把概念数据模型转换为计算机上某一 DBMS 支持的数据模型，这一过程如图 1-5 所示。

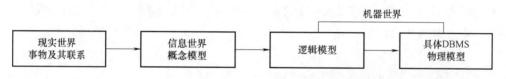

图 1-5　现实世界中客观对象的抽象过程

从现实世界到概念模型的转换是由数据库设计人员完成的，从概念模型到逻辑模型的转换可以由数据库设计人员完成，也可以用数据库设计工具协助设计人员完成，从逻辑数据模型到物理数据模型的转换一般是由 DBMS 完成的。

1.2.3　概念模型及表示方法

概念模型是对信息世界的管理对象、属性及联系等信息的描述形式。概念模型不依赖于计算机及 DBMS，它是对现实世界的真实全面反映。在介绍概念模型之前，首先介绍信息世界的基本概念。

1. 信息世界的基本概念

信息世界涉及的基本概念主要有：

（1）实体（Entity）

客观存在并可相互区别的事物称为实体。实体可以是具体的人、事、物，也可以是抽象的概念或联系。例如，一个职工、一个学生、一个部门、一门课、学生的一次选课、老师与系的工作关系等都是实体。

（2）属性（Attribute）

实体所具有的某一特性称为属性。一个实体可以由若干个属性来刻画。例如，学生实体可以由学号、姓名、性别、出生年份、所在院系、入学时间等属性组成。（2006094001，王帅，男，1986，管理科学与工程系，2006）这些属性组合起来描述了一个学生的详细信息。

（3）码（Key）

唯一标识实体的属性或属性集称为码。例如，学号是学生实体的码，学号和课程号是选修关系的码。

（4）域（Domain）

属性的取值范围称为该属性的域。例如，学号的域为 10 位整数，姓名的域为字符串集合，学生年龄的域为整数，性别的域为（男，女）。

（5）实体型（Entity Type）

具有相同属性的实体必然具有共同的特征和性质。用实体名及属性名集合来抽象和刻画同类实体，称为实体型。例如，学生（学号，姓名，性别，出生年份，所在院系，入学时间）就是一个实体型；（2006094001，王帅，男，1986，管理科学与工程系，2006）就是学生实体型的一个实体。

（6）实体集（Entity Set）

同型实体的集合称为实体集。例如，全体学生就是一个实体集。

（7）联系（Relationship）

在现实世界中，事物内部以及事物之间是有联系的，这些联系在信息世界中反映为实体内部的联系和实体之间的联系。实体内部的联系通常是指组成实体的各属性之间的联系。实体之间的联系通常是指不同实体集之间的联系。

2. 两个实体集之间的联系

两个实体集之间的联系可以分为三种：

（1）一对一联系（1:1）

如果对于实体集 A 中的每一个实体，实体集 B 中至多有一个（也可以没有）实体与之联系；反之亦然，则称实体集 A 与实体集 B 具有一对一联系，记为 1:1，如图 1-6 所示。

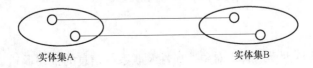

图 1-6　两个实体集之间的 1:1 联系

例如，学校里面，一个班级只有一个班长，而一个班长只在一个班中任职，则班级与班长之间具有一对一联系。

（2）一对多联系（1:n）

如果对于实体集 A 中的每一个实体，实体集 B 中有 n 个实体（$n \geq 0$）与之联系；反之，对于实体集 B 中的每一个实体，实体集 A 中至多只有一实体与之联系，则称实体集 A 与实体集 B 有一对多联系，记为 1:n，如图 1-7 所示。

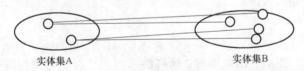

图 1-7　两个实体集之间的 1:n 联系

例如，一个班级中有若干名学生，而每个学生只在一个班级中学习，则班级与学生之间具有一对多联系。

（3）多对多联系（$m:n$）

如果对于实体集 A 中的每一个实体，实体集 B 中有 n 个实体（$n \geq 0$）与之联系；反之，对于实体集 B 中的每一个实体，实体集 A 中也有 m 个实体（$m \geq 0$）与之联系，则称实体集 A 与实体集 B 具有多对多联系，记为 $m:n$，如图1-8所示。

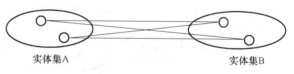

图1-8　两个实体集之间的 $m:n$ 联系

例如，一门课程同时有若干个学生选修，而一个学生可以同时选修若干门课程，则课程与学生之间具有多对多联系。

实际上，一对一联系是一对多联系的特例，而一对多联系又是多对多联系的特例。

一般地，两个以上的实体集之间也存在着一对一、一对多和多对多联系。

例如，对于课程、教师与参考书3个实体集，如果一门课程可以有若干个教师讲授，使用若干本参考书，而每一个教师只讲授一门课程，每一本参考书只供一门课程使用，则课程与教师、参考书之间的联系是一对多的，如图1-9所示。

同一个实体集内的各实体之间也可以存在一对一、一对多、多对多的联系。

例如，教师实体集内部具有领导与被领导的联系，即某一教师（校长）"领导"若干名教师，而一个教师仅被另外一个教师（校长）直接领导，因此这是一对多的联系，如图1-10所示。

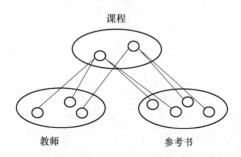

图1-9　三个实体集之间的 $1:n$ 联系

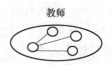

图1-10　一个实体集内部实体之间的 $1:n$ 联系

3. 概念模型的表示方法

概念模型的表示方法很多，其中最著名、最常用的是 P. P. S. Chen 于 1976 年提出的实体-联系方法。该方法用 E-R 图（Entity-Relationship Diagram）来描述现实世界的概念模型，E-R 图方法也称为 E-R 模型。

有关如何认识和分析现实世界，从中抽取实体和实体之间的联系，建立概念模型的步骤和方法将在第5章中的5.2.2节讲述。这里介绍 E-R 图的要点。

E-R 图提供了表示实体型、属性和联系的方法。

实体型：用矩形表示，矩形框内写明实体名。

属性：用椭圆形表示，并用无向边将其与相应的实体连接起来。

例如，学生实体具有学号、姓名、性别、出生年份、入学时间、所在院系等属性，其 E-R 图如图 1-11 所示。

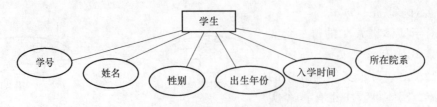

图 1-11 学生实体及属性

联系：用菱形表示，菱形框内写明联系名，并用无向边分别与有关实体型连接起来，同时在无向边旁边上标上联系的类型（1:1，1:n，$m:n$）。

需要注意的是，如果一个联系具有属性，则这些属性也要用无向边与该联系连接起来。例如，学生与课程之间存在选课的 $m:n$ 联系，成绩是选课的属性，E-R 图如图 1-12 所示。

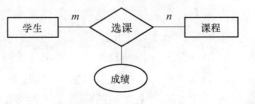

实体-联系方法是抽象和描述现实世界的有力工具。用 E-R 图表示的概念模型独立于具体的 DBMS 所支持的数据模型，它是各种数

图 1-12 学生与课程之间的 $m:n$ 联系

据模型的共同基础，因而比数据模型更一般、更抽象、更接近现实世界。

4. 概念模型举例

某学校学生选课管理涉及的实体及属性如下：

班级（班级编号，班级名称）

学生（学号，姓名，性别，籍贯）

专业（专业编号，专业名称，负责人）

课程（课程编号，课程名称，考核方式）

这些实体之间的联系如下：

① 一个班级可以有若干学生，一个学生只能在一个班级中。

② 一个专业开设若干门课程，一门课程只能由一个专业开设。

③ 一个学生可以选择若干门课程来学习，一门课程也可以被多个学生选修。

则上述学生选课管理的 E-R 模型如图 1-13 所示。

1.2.4 主要的逻辑模型

目前，数据库领域最常用的逻辑模型主要有三种，分别是层次模型（Hierarchical Model）、网状模型（Network Model）和关系模型（Relational Model）。随着数据库理论与实践的不断发展，对象关系模型（Object Relational Model）、面向对象模型（Object Oriented Model）等正处于不断发展和完善之中。

在三种主要的逻辑数据模型中，层次模型和网状模型统称为格式化模型，也称为非关系模型。非关系模型的数据库系统在 20 世纪 70 年代至 80 年代初占据主导地位，现在已

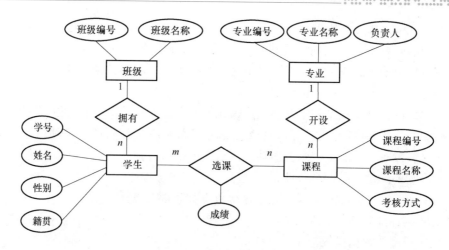

图 1-13　学生选课管理的 E-R 图

被关系模型的数据库系统所取代。但在欧美等国家，一些早期开发的应用系统仍在使用非关系模型的数据库系统。

在非关系模型中，实体用记录表示，实体的属性对应记录的数据项。实体之间的联系为记录之间的联系。

非关系模型中数据结构的单位是基本层次联系。所谓基本层次联系是指两个记录以及它们之间的一对多（包括一对一）联系，基本层次联系如图 1-14 所示。

图 1-14 中 R_i 位于联系 L_{ij} 的始点，称为双亲节点（Parent），R_j 位于联系 L_{ij} 的终点，称为子女节点（Child）。

图 1-14　基本层次联系

1. 层次模型

层次模型是数据库系统中最早出现的数据模型，采用层次模型作为数据组织方式的数据库系统称为层次数据库系统。层次数据库系统的典型代表是 1968 年 IBM 公司推出的大型商用数据库管理系统（Information Management System，IMS）。

（1）层次模型的数据结构

层次模型用树形结构来表示各类实体以及实体间的联系。在现实世界中许多实体之间的联系是一种自然的层次关系，例如组织机构、家庭成员关系等。图 1-15 为一个高校中"专业"的组织机构层次关系示例。

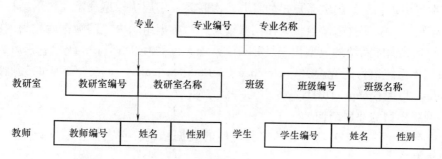

图 1-15　层次模型示例

在层次模型中，树形结构的每个节点是一个记录类型，每个记录类型包含若干个字段。记录之间的联系用节点之间的连线（有向边）表示。上层节点称为父节点或双亲节点，下层节点称为子节点或子女节点。父子之间的联系是一对多联系，即父节点中的一个记录值可能对应 n 个子节点中的记录值。

在层次模型中，同一双亲的子女节点称为兄弟节点，没有子女的节点称为叶节点。

层次模型的一个基本特点：任何一个给定的记录值只有按其路径查看时，才能显示出它的全部意义，没有一个子女记录值能够脱离双亲记录值而独立存在。

层次模型需要满足以下两个条件：

● 有且只有一个节点没有双亲节点，这个节点称为根节点。

● 非根节点有且只有一个双亲节点。

（2）层次模型的数据操纵与完整性约束

层次模型的数据操纵主要有查询、插入、删除和更新。进行插入、删除、更新操作时，要满足层次模型的完整性约束条件。

● 在插入时，不能插入无双亲的子节点。如新来的教师未分配教研室则无法插入到数据库中。

● 在删除时，如果删除双亲节点，则其子女节点也会被一起删除。如删除某个教研室则它的所有教师也会被删除。

● 在更新时，应更新所有相应的记录，以保证数据的一致性。

（3）层次模型的优缺点

层次模型的主要优点是：

● 数据模型简单，只需几条命令就能操纵数据库，容易使用。

● 实体间联系固定，性能优于关系模型。

● 提供良好的完整性支持。

层次模型的主要缺点是：

● 不能直接表示两个以上实体型间的复杂联系和多对多联系，只能通过引入冗余数据或创建虚拟节点的方法来解决，易产生不一致性。

● 对插入和删除数据的操作限制太多。

● 查询子女节点必须通过双亲节点。

2. 网状模型

现实世界中事物之间的联系更多的是非层次联系，用层次模型表示非树形结构很不直接，网状模型可以克服这一缺点。采用网状模型作为数据组织方式的数据库称为网状数据库系统。网状数据库系统的典型代表是 DBTG 系统，也称 CODASYL 系统。它是由 20 世纪 70 年代数据库系统语言研究会（Conference On Data System Language）下属的数据库任务组（DataBase Task Group，DBTG）提出的一个方案。

（1）网状模型的数据结构

网状模型是一种比层次模型更具有普遍性的数据结构，它去掉了层次模型的两个限制，主要特点为：

● 允许多个节点无双亲节点。

● 一个子节点可以有两个或多个父节点。

网状模型允许两个或两个以上的节点没有双亲节点，允许某个节点有多个双亲节点，则此时有向树变成了有向图，该有向图描述了网状模型。网状模型中每个节点表示一个记录型（实体），每个记录型可包含若干个字段（实体的属性），节点间的连线表示记录类型（实体）间的父子关系。图1-16是网状模型的例子。

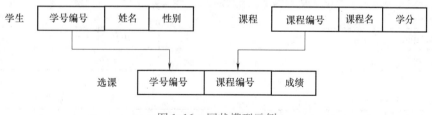

图1-16　网状模型示例

（2）网状模型的数据操纵与完整性约束

网状模型数据操纵的特点是：

● 允许插入无双亲的子节点。

● 允许只删除双亲节点，其子节点仍存在。

● 更新操作较简单，只需更新指定记录即可。

● 查询操作可以用多种方法来实现。

网状模型没有层次模型那样严格的完整性约束条件，但具体的某一个网状数据库系统（比如DBTG）可以提供一定的完整性约束，对数据操纵加以一定的限制。

（3）网状模型的优缺点

网状模型的主要优点是：

● 能够更为直接地描述现实世界，如一个节点可以有多个双亲。

● 操作功能强、速度快，存取效率较高。

网状模型的主要缺点是：

● 结构比较复杂，而且随着应用环境的扩大，数据库的结构就变得越来越复杂，不利于用户掌握。

● 数据定义语言（DDL）和数据操纵语言（DML）复杂，用户不容易使用。

● 由于记录之间的联系是通过存取路径实现的，应用程序在访问数据时必须选择适当的存取路径，因此，用户必须了解系统结构的细节后才能实现其数据存取，程序员要为访问数据设置存取路径，加重了编写应用程序的负担。

3. 关系模型

关系模型是目前最为常用的一种数据模型。采用关系模型作为数据组织方式的数据库系统称为关系数据库系统。关系模型最早由IBM公司San Jose研究室的研究员E. F. Codd于1970年在他的论文《大型共享系统的关系数据库的关系模型》中首次提出，由此奠定了关系数据库的理论基础。关系模型是建立在严格的数学理论基础之上的，关系模型的概念及相关理论是本书的重点，具体内容将在后续章节中介绍，本节只进行简单的概述。

（1）关系模型的数据结构

关系模型用关系（即规范的二维表格）来表示各类实体以及实体间的联系，如表1-2 ～
表1-4 所示的范例是用关系模型表示的学生、课程两个实体以及它们之间的联系。

表1-2　学生

学　号	姓　名	性　别	出 生 日 期	入 学 成 绩
2008091001	王一	男	1990. 2. 8	689
2008091002	张丹	女	1991. 11. 25	672
……	……	……	……	……

表1-3　课程

课 程 编 号	课 程 名 称
09021001	Java 程序设计
09021002	数据库系统及应用
09021003	管理信息系统

表1-4　选课

学　号	课 程 号	成　绩
2008091001	09021001	80
2008091001	09021002	95
2008091002	09021001	77
……	……	……

下面介绍关系模型的基本术语：

● 关系（Relation）——即通常所说的二维表格。

● 元组（Tuple）——表格中的一行。

● 属性（Attribute）——表格中的一列，相当于记录中的一个字段。

● 码（Key）——可唯一标识元组的属性或属性集，也称为关键字。如"学生"表中
的学号可以唯一确定一个学生，所以学号是学生表的码。

● 域（Domain）——属性的取值范围，如"学生"表中的性别只能取男或女两个值。

● 分量——每一行对应的列的属性值。

● 关系模式——对关系的描述，一般表示为：关系名（属性1，属性2，……，属性 n）。
如学生关系的关系模式为：学生（学号，姓名，性别，出生日期，入学成绩）。

关系模型要求关系必须是规范化的，即要求关系必须满足一定的规范条件，这些规范
条件中最基本的一条就是"关系的每一个分量必须是一个不可再分的数据项"，也就是说，
不允许表中还有表，表1-5 就是一个不符合关系模型要求的非规范表。

表1-5　不符合关系要求的非规范表

学　号	姓　名	综合测评成绩		
		德育成绩	智育成绩	体育成绩
2008091001	王一	265		
		90	95	80
……	……	……	……	……

（2）关系模型的数据操纵与完整性约束

关系模型的数据操纵主要包括查询、插入、删除和更新数据。关系模型中的数据操作

是集合操作。操作对象和操作结果都是关系，即若干元组的集合，而不像非关系模型是单记录的操作方式。关系的完整性约束条件包括三大类：实体完整性、参照完整性和用户自定义完整性。其具体内容将在第 2 章介绍。

（3）关系模型的优缺点

关系模型的优点是：

- 关系模型与非关系模型不同，它是建立在严格的数学概念的基础上的。
- 关系模型的概念单一，无论实体还是实体之间的联系都用关系表示。对数据的检索结果也是关系（即表）。所以其数据结构简单、清晰，用户易懂易用。
- 利用公共属性连接，实体间的联系容易实现。
- 由于存取路径对用户透明，数据独立性更高，安全保密性更好。

关系模型的主要缺点是：

- 由于存取路径对用户透明，查询效率往往不如非关系模型。
- 为了提高性能，必须对用户的查询请求进行优化，这就增加了数据库管理系统的开发难度。

1.3 数据库系统结构

数据库系统结构可以从不同的层次或角度来考察。从数据库管理系统的角度来看，数据库系统通常采用三级模式结构，这是数据库管理系统内部的结构；从数据库最终用户角度来看，数据库系统的结构分为单用户结构、主从式结构、分布式结构、客户/服务器结构等，这是数据库系统外部的体系结构。

1.3.1 数据库系统模式的概念

在数据模型中有"型"（Type）和"值"（Value）的概念。型是指对某一类数据的结构和属性的说明，值是型的一个具体赋值。例如，学生记录定义为（学号，姓名，性别，年龄，系别）这样的记录型，而（2008091001，王一，男，21，信息管理与信息系统）则是该记录型的一个记录值。模式（Schema）是数据库中全体数据的逻辑结构和特征的描述，它仅仅涉及型的描述，不涉及具体的值。模式的一个值称为它的一个实例。模式是相对稳定的，而实例是相对变动的，同一个模式可以有很多实例。模式反映的是数据的结构及其联系，而实例反映的是数据库某一时刻的状态。

虽然数据库管理系统的产品种类很多，支持不同的数据类型，使用不同的数据库语言，建立在不同的操作系统之上，数据的存储结构也不尽相同，但它们在内部结构上通常都是具有相同的特征，即采用三级模式结构（早期微机上的小型数据库系统除外），并提供二级映像功能。

1.3.2 数据库系统的三级模式结构

数据库系统的三级模式结构由外模式、模式和内模式三级构成，如图 1-17 所示。

1. 模式（Schema）

模式也称逻辑模式，是对数据库中数据的整体逻辑结构和特征的描述，是所有用户的公共数据视图。模式是数据库系统模式结构的中间层，既不涉及数据的物理存储细节和硬件环境，也与具体的应用程序、所使用的开发工具及高级程序设计语言无关。

模式是数据库数据在逻辑级别上的视图，一个数据库只能有一个模式。数据库模式以某一种数据模型为基础，统一综合地考虑了所有用户的需求，并将这些需求有机结合成一个逻辑整体。

模式使用模式 DDL 进行定义，其定义的内容不仅包括对数据库的记录型、数据项的型、记录间的联系等的描述，同时也包括对数据的安全性定义、数据应满足的完整性条件等。

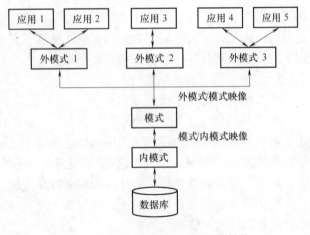

图 1-17　数据库系统的三级模式结构

2. 外模式（External Schema）

外模式也称子模式或用户模式，它是数据库用户能够看见和使用的局部数据的逻辑结构和特征的描述，是数据库用户的数据视图，是与某一应用有关的数据的逻辑表示。

外模式是模式的子集，一个数据库可以有多个外模式。外模式完全是按用户自己对数据的需要，站在局部的角度进行设计的。

外模式使用外模式 DDL 进行定义，该定义主要涉及对外模式的数据结构、数据域、数据构造规则及数据的安全性和完整性等属性的描述。外模式可以在数据组成、数据间的联系、数据项的型、数据名称上与模式不同，也可以在数据的安全性和完整性方面与逻辑模式不同。

使用外模式的优点是：

● 由于使用外模式，用户不必考虑那些与自己无关的数据，也无需了解数据的存储结构，使得用户使用数据的工作和程序设计的工作都得到了简化。

● 由于用户使用的是外模式，使得用户只能对自己需要的数据进行操作，数据库的其他数据与用户是隔离的，这样有利于数据的安全和保密。

● 由于用户可以使用外模式，而同一模式又可以派生出多个外模式，所以有利于数据的独立性和共享性。

3. 内模式（Internal Schema）

内模式也称存储模式（Storage Schema）或物理模式（Physical Schema），它是对数据库数据物理结构和存储方式的描述，是数据在数据库内部的表示方式。内模式使用内模式 DDL 定义，该定义不仅可以定义数据的数据项、记录、数据集、索引和存取路径的一切物理组织方式等属性，同时还对数据的优化性能、响应时间、存储空间、数据的记录位置、块的大小与数据溢出区等进行规定。

一个数据库只能有一个内模式。内模式的设计目标是将系统的模式组织成最优的物理模式，以提高数据的存取效率，改善系统的性能目标。

以物理模式为框架的数据库为物理数据库。在数据库系统中，只有物理数据库才是真正存在的，它是存放在外存上的实际数据文件。而概念数据库和用户数据库在计算机外存上是不存在的。用户数据库、概念数据库和物理数据库三者之间的关系是：概念数据库是物理数据库的逻辑抽象形式；物理数据库是概念数据库的具体体现；用户数据库是概念数据库的子集，也是物理数据库子集的逻辑描述。

1.3.3 数据库的二级映像功能与数据独立性

数据库的三级模式是对数据的三个级别的抽象，它把数据的具体组织留给 DBMS 管理，使用户能逻辑地、抽象地处理数据，而不必关心数据在计算机中的具体表示方式与存储方式。

数据库系统的二级映像功能是指模式与外模式之间的映像、模式与内模式之间的映像技术。正是这两层映像保证了数据库系统中的数据具有较高的逻辑独立性和物理独立性。

1. 外模式/模式映像

模式描述的是数据的全局逻辑结构，外模式描述的是数据的局部逻辑结构，对应于同一个模式可以有任意多个外模式。对于每个外模式，数据库系统都有一个外模式/模式映像，它定义了该外模式与模式之间的对应关系。这些映像定义通常包含在各自外模式的描述中。

2. 模式/内模式映像

数据库中只有一个模式，也只有一个内模式，所以模式/内模式映像是唯一的，它定义了数据库全局逻辑结构与存储结构之间的对应关系，例如说明逻辑记录和字段在内部是如何表示的。该映像定义通常包含在模式描述中。

3. 逻辑数据独立性

当模式发生变化时（如增加新的关系、新的属性、改变属性的数据类型等），由数据库管理员（DBA）对各个外模式/模式映像做相应改变，可以使外模式保持不变。由于应用程序是依据外模式编写的，只要外模式不变，应用程序就不需要修改，从而保证了数据与程序的逻辑独立性，简称逻辑数据独立性。

4. 物理数据独立性

当数据库的存储结构改变时（如选用了另一种存储结构），由数据库管理员对模式/内模式映像做相应改变，可以保证模式保持不变，因而应用程序也不需要修改，保证了数据与程序的物理独立性，简称物理数据独立性。

特定的应用程序是在外模式描述的数据结构上编制的，它依赖于特定的外模式，与数据库的模式和存储结构相独立。不同的应用程序可以共用同一个外模式。数据库的二级映像保证了数据库外模式的稳定性，从而从底层保证了应用程序的稳定性，除非应用需求本身发生变化，否则应用程序一般不需要修改。

数据与程序之间的独立性，使得数据的定义和描述可以从应用程序中分离出去。另外，由于数据的存取由 DBMS 管理，因此用户不必考虑存取路径等细节，从而简化了应用程序的编写，大大减少了应用程序的维护工作。

1.3.4 数据库系统的体系结构

从数据库管理系统角度来看，数据库系统是一个三级模式结构，数据库的这种模式结构对最终用户和程序员是透明的，他们见到的仅是数据库的外模式和应用程序。从最终用户角度来看，数据库系统分为单用户结构、主从式结构、分布式结构和客户/服务器结构。

1. 单用户结构的数据库系统

单用户结构的数据库系统（如图 1-18 所示）是一种早期的最简单的数据库系统。在单用户结构的系统中，整个数据库系统，包括应用程序、DBMS、数据，都装在一台计算机上，由一个用户独占，不同机器之间不能共享数据。

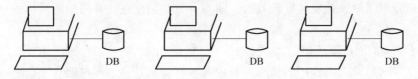

图 1-18　单用户结构的数据库系统

一个企业的各个部门都使用本部门的机器来管理本部门的数据，各个部门的机器是独立的。由于不同部门之间不能共享数据，因此企业内部存在大量的冗余数据。例如，人事部门、会计部门、技术部门必须重复存放每一名职工的一些基本信息（职工号、姓名等）。

2. 主从式结构的数据库系统

主从式结构是指一个主机带多个终端的多用户结构。在这种结构中，数据库系统（包括应用程序、DBMS、数据）集中存放在主机上，所有处理任务都由主机来完成，各个用户通过主机的终端并发地存取数据库，共享数据资源，如图 1-19 所示。

主从式结构的优点是简单，数据易于管理与维护；缺点是当终端用户数目增加到一定程度后，主机的任务会过分繁重，成为瓶颈，从而使系统性能大幅度下降；另外当主机出现故障时，整个系统都不能使用，因此系统的可靠性不高。

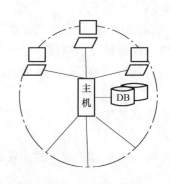

图 1-19　主从式结构的数据库系统

3. 分布式结构的数据库系统

分布式结构的数据库系统是指数据库中的数据在逻辑上是一个整体，但物理地分布在计算机网络的不同节点上，如图 1-20 所示。网络中的每个节点都可以独立处理本地数据库中的数据，执行局部应用；也可以同时存取和处理多个异地数据库中的数据，执行全局应用。

分布式结构的数据库系统是计算机网络发展的必然产物，它适应了地理上分散的公司、团体和组织对于数据库应用的需求。但数据的分布存放，给数据的处理、管理与维护带来困难。此外，当用户需要经常访问远程数据时，系统效率会明显地受到网络交通的制约。

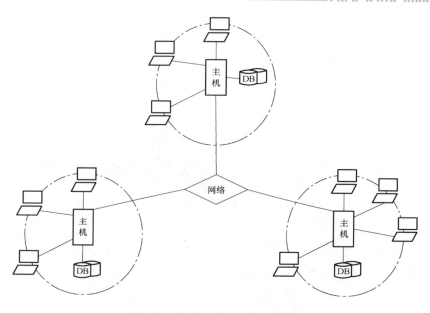

图 1-20　分布式结构的数据库系统

4. 客户/服务器结构的数据库系统

主从式数据库系统中的主机和分布式数据库系统中的节点都是通用计算机,既执行 DBMS 功能又执行应用程序。随着工作站功能的增强和广泛使用,人们开始把 DBMS 功能和应用分开,网络中某个(些)节点上的计算机专门用于执行 DBMS 功能,称为数据库服务器,简称服务器,其他节点上的计算机安装 DBMS 的外围应用开发工具,支持用户的应用,称为客户机,这就是客户/服务器结构的数据库系统。

在客户/服务器结构中,客户端的用户请求被传送到数据库服务器,数据库服务器进行处理后,只将结果返回给用户(而不是整个数据),从而显著减少了网络上的数据传输量,提高了系统的性能、吞吐量和负载能力。

另一方面,客户/服务器结构的数据库往往更加开放。客户与服务器一般都能在多种不同的硬件和软件平台上运行,可以使用不同厂商的数据库应用开发工具,应用程序具有更强的可移植性,同时也可以减少软件维护开销。

客户/服务器数据库系统可以分为集中的服务器结构(如图 1-21 所示)和分布的服务器结构(如图 1-22 所示)。前者在网络中仅有一台数据库服务器,而客户机是多台。后者在网络中有多台数据库

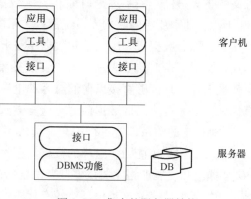

图 1-21　集中的服务器结构

服务器。分布的服务器结构是客户/服务器与分布式数据库的结合。

与主从式结构相似,在集中的服务器结构中,一个数据库服务器要为众多的客户服务,往往容易成为瓶颈,制约系统的性能。

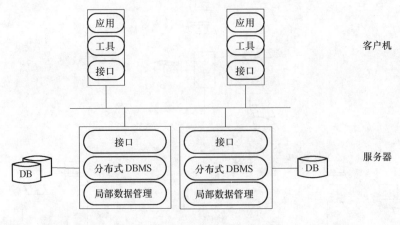

图 1-22　分布的服务器结构

与分布式结构相似，在分布的服务器结构中，数据分布在不同的服务器上，从而给数据的处理、管理与维护带来困难。

1.4　数据库新技术

数据库系统是个大家庭，数据模型丰富多彩，新技术内容层出不穷，应用领域也变得日益广泛。大致来说，数据库技术的发展可从数据模型、新技术和应用领域三个方面来阐述。

1.4.1　数据模型的发展

数据库的发展集中表现在数据模型的发展。从最初的层次、网状数据模型发展到关系数据模型，数据库技术产生了巨大的飞跃。关系模型的提出，是数据库发展史上具有划时代意义的重大事件。关系理论研究和关系数据模型成为具有统治地位的数据模型。20 世纪 80 年代，几乎所有的数据库系统都是关系的，它的应用遍布各个领域。

然而，随着数据库应用领域对数据库需求的增多，传统的关系数据模型开始暴露出许多弱点，如对复杂对象的表示能力差、语义表达能力较弱、缺乏灵活丰富的建模能力等。为了使数据库用户能够直接以他们对客观世界的认识方式来表达他们所要描述的世界，人们提出并发展了许多新的数据模型。这些尝试是沿着如下几个方向进行的：

1）对传统的关系模型进行扩充，引入了少数构造器，使它能表达比较复杂的数据模型，增强其结构建模能力，这样的数据模型称为复杂数据模型。

2）提出和发展了相比关系模型来说全新的数据构造器和数据处理原语，以表达复杂的结构和丰富的语义。这类模型比较有代表性的是函数数据模型、语义数据模型以及 E-R 模型等，常常称它们为语义模型。

3）将上述语义数据模型和面向对象程序设计方法结合起来提出了面向对象的数据模型。面向对象的数据模型吸收了面向对象程序设计方法学的核心概念和基本思想。

4）随着互联网的迅速发展，Web 上各种半结构化、非结构化数据源已经成为越来越重要的信息来源,XML 已成为网上数据交换的标准和数据界的研究热点。人们研究和提出了多种 XML 数据模型,到目前为止,还没有公认、统一的 XML 模型。当前,DBMS 产品都扩展了对 XML 的处理、存储 XML 数据、支持 XML 和关系数据之间的相互转换。

1.4.2 数据库技术与其他相关技术结合

数据库技术与其他技术的结合,是新一代数据库技术的一个显著特征,涌现出各种新型的数据库系统(如图 1-23 所示),例如:

1)数据库技术与分布处理技术相结合,出现了分布式数据库系统。
2)数据库技术与并行处理技术相结合,出现了并行数据库系统。
3)数据库技术与人工智能技术相结合,出现了知识库系统和主动数据库系统。
4)数据库技术与多媒体技术相结合,出现了多媒体数据库系统。
5)数据库技术与模糊技术相结合,出现了模糊数据库系统等。

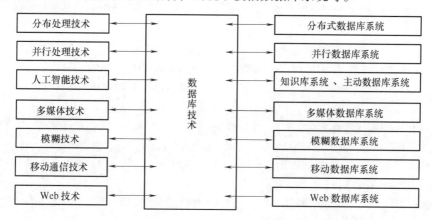

图 1-23 数据库技术与其他技术的结合

1.4.3 面向应用领域的数据库新技术

数据库技术被应用到特定的领域中,出现了数据仓库、工程数据库、统计数据库、空间数据库、科学数据库等多种数据库,使数据库领域的应用范围不断扩大。面向特定领域的数据库系统还有很多,这里就不再赘述了。

这些数据库系统都明显地带有某一领域应用需求的特征。由于传统数据库系统的局限性,无法直接使用当前 DBMS 市场上销售的通用的 DBMS 来管理和处理这些领域内的数据。因而广大数据库工作者针对各个领域的数据库特征,探索和研制了各种特定的数据库系统,取得了丰硕的成果。这些成果不仅为这些应用领域建立了可供使用的数据库系统,而且为新一代数据库技术的发展做出了贡献。

实际上,从这些数据库系统的实现情况来分析,可以发现它们虽然采用不同的数据模型,但都带有面向对象模型的特征。具体实现时,有的是对关系数据库系统进行扩充,有的则是从头做起。

1.5 小结

本章首先讲述了数据管理技术的产生和发展过程，即人工管理阶段、文件系统阶段和数据库系统阶段，并以此为背景，介绍了数据库系统的基本概念及研究领域。其次，本章简要介绍了概念数据模型以及三种主要的逻辑数据模型——层次模型、网状模型和关系模型，阐述了各数据模型的数据结构及特点。再次，本章简要阐述了数据库系统的三级模式结构和数据库系统的体系结构。最后，本章从数据模型、新技术和应用领域三个方面概述了数据库的新技术。

习　题

一、单项选择题

1. DBS 是采用了数据库技术的计算机系统，它是一个集合体，包含数据库、数据库管理系统、应用系统、（　　）和用户。

A. 系统分析员　　　　　B. 程序员　　　　　C. 数据库管理员　　　　　D. 操作员

2. 数据库（DB），数据库系统（DBS）和数据库管理系统（DBMS）之间的关系是（　　）。

A. DBS 包括 DB 和 DBMS　　　　　　　　B. DBMS 包括 DB 和 DBS

C. DB 包括 DBS 和 DBMS　　　　　　　　D. DBS 就是 DB，也就是 DBMS

3. 下面列出的数据库管理技术发展的三个阶段中，没有专门的软件对数据进行管理的是（　　）。

Ⅰ. 人工管理阶段　　　Ⅱ. 文件系统阶段　　　Ⅲ. 数据库阶段

A. Ⅰ和Ⅱ　　　　　　　B. 只有Ⅱ　　　　　C. Ⅱ和Ⅲ　　　　　　　D. 只有Ⅰ

4. 下列四项中，不属于数据库系统特点的是（　　）。

A. 数据共享　　　　　B. 数据结构化　　　　C. 数据冗余度高　　　　D. 数据独立性高

5. 数据库系统的数据独立性体现在（　　）。

A. 不会因为数据的变化而影响到应用程序

B. 不会因为系统数据存储结构与数据逻辑结构的变化而影响应用程序

C. 不会因为存储策略的变化而影响存储结构

D. 不会因为某些存储结构的变化而影响其他的存储结构

6. 描述数据库全体数据的全局逻辑结构和特性的是（　　）。

A. 模式　　　　　　　B. 内模式　　　　　　C. 外模式　　　　　　　D. 用户模式

7. 要保证数据库的数据独立性，需要修改的是（　　）。

A. 模式与外模式　　　　　　　　　　　　　B. 模式与内模式

C. 三层之间的两种映射　　　　　　　　　　D. 三层模式

8. 要保证数据库的逻辑数据独立性，需要修改的是（　　）。

A. 模式与外模式的映射　　　　　　　　　　B. 模式与内模式之间的映射

C. 模式　　　　　　　　　　　　　　　　　D. 三层模式

9. 用户或应用程序看到的那部分局部逻辑结构和特征的描述是（　　），它是模式的逻辑子集。

A. 模式　　　　　　　B. 物理模式　　　　　C. 子模式　　　　　　　D. 内模式

10. 下述（　　）不是 DBA 数据库管理员的职责。

A. 完整性约束说明　　　　　　　　　　　　B. 定义数据库模式

C. 数据库安全   D. 数据库管理系统设计

二、简答题

1. 数据、数据库、数据库管理系统、数据库管理员、数据库系统的概念。

2. 简述数据管理技术的发展过程及特点。

3. 何为数据模型？其构成要素是什么？有何分类？

4. 简述 E-R 图的表示方法。

5. 简述数据库系统的三级模式结构和二级映像。

6. 简述数据库系统的特点。

7. 关系数据模型有哪些优缺点？

8. 举例说明你身边的实际应用数据库系统的例子。

三、应用题

某图书馆拥有多种图书，每种图书的数量都在 5 本以上，每种图书都由一个出版社出版，一个出版社可以出版多种图书。借书人凭借书卡一次可借 10 本书。请画出此图书馆图书、出版社和借书人的概念模型。

第2章

关系数据库

关系数据库用数学方法来处理数据库中的数据。最早将这类方法用于数据处理的是1962 年 CODASYL 发表的"信息代数",之后有 1968 年 David Child 的集合论数据结构。系统而严格地提出关系模型的是 IBM 公司的 E. F. Code,1970 年 6 月他在《Communications of ACM》上发表了题为"A Relational Mode of Data for Large Shared Data Banks"(用于大型共享数据库的关系数据模型)一文。ACM 后来在 1983 年把这篇论文列为从 1958 年以来的四分之一个世纪中具有里程碑式意义的最重要的 25 篇论文之一,因为这篇论文首次明确而清晰地为数据库系统提出了一种崭新的模型,即关系模型,开创了数据库系统的新纪元。

20 世纪 70 年代末,关系方法的理论研究和软件系统的研制均取得了很大成果,IBM 公司的 San Jose 实验室在 IBM370 系列机上研制的关系数据库实验系统 system R 历时 6 年获得成功。1981 年 IBM 公司又宣布了具有 system R 全部特征的新的数据库软件产品 SQL/DS 问世。

关系数据库系统的研究和开发取得了辉煌的成就。关系数据库系统从实验室走向了社会,成为最重要、应用最广泛的数据库系统,大大地促进了数据库应用领域的扩大和深入。

2.1 关系模型概述

关系数据库系统是支持关系数据模型的数据库系统。关系模型由数据结构、关系操作和完整性约束三部分组成。

2.1.1 关系模型的数据结构

关系模型的数据结构非常简单,只包含单一的数据结构——关系。在用户看来,关系模型中数据的逻辑结构是一张扁平的二维表。

关系模型的这种简单的数据结构能够表达丰富的语意,描述出现实世界的实体以及实体间的各种联系。也就是说,在关系模型中,现实世界的实体以及实体间的各种联系均用单一的结构类型即关系来描述。

2.1.2 关系操作

关系模型中的数据操作是集合操作,操作对象和操作结果都是关系,即若干元组的集合,而不像非关系模型中那样是单记录的操作方式。另一方面,关系模型把存取路径向用户隐蔽起来,用户只要指出"干什么"或"找什么",不必详细说明"怎么干"或"怎么找",从而大大地提高了数据的独立性。

关系模型中常用的关系操作包括两类:查询操作和更新操作。

查询操作包括选择、投影、连接、除、并、交、差等。更新操作包括插入、删除、修改操作。

表达（或描述）关系操作的关系数据语言可分为三类，见表 2-1。

表 2-1　关系数据语言分类

关系 数据 语言	1	关系代数语言		如 ISBL
	2	关系演算语言	元组关系演算语言	如 APLHA、QUEL
			域关系演算语言	如 QBE
	3	具有关系代数和关系演算双重特点的语言		如 SQL

1. 关系代数

关系代数是用对关系的运算来表达查询要求的方式。

2. 关系演算

关系演算是用谓词来表达查询要求的方式。关系演算又可按谓词变元的基本对象是元组变量还是域变量分为元组关系演算和域关系演算。关系代数、元组关系演算和域关系演算三种语言在表达能力上是等价的。

关系代数、元组关系演算和域关系演算均是抽象的查询语言，这些抽象的语言与具体的 DBMS 中实现的实际语言并不完全一样。但它们能用作评估实际系统中查询语言能力的标准或基础。

3. 介于关系代数和关系演算之间的语言 SQL（Standard Query Language）

SQL 不仅具有丰富的查询功能，而且具有数据定义和数据控制功能，是集数据查询、数据定义（DDL）、数据操纵（DML）和数据控制（DCL）于一体的关系数据语言。它充分体现了关系数据语言的特点和优点，是关系数据库的标准语言。

2.1.3　完整性约束

关系模型提供了丰富的完整性约束机制，允许定义三类完整性：实体完整性、参照完整性和用户定义的完整性。其中实体完整性和参照完整性是关系模型必须满足的完整性约束条件，应该由关系系统自动支持。

2.2　关系数据结构

在关系模型中，无论是实体还是实体之间的联系均由单一的结构类型即关系（二维表）来表示。第 1 章中已经非形式化地介绍了关系模型及有关的基本概念。关系模型是建立在集合代数的基础上的，本节从集合论角度给出关系数据结构的形式化定义。

2.2.1　关系

1. 域（Domain）

定义 2.1　域是一组具有相同数据类型的值的集合。

例如，自然数、整数、实数、长度小于 25 字节的字符串集合、大于等于 1 且小于等于 100 的正整数集合等，都可以是域。

在关系中用域来表示属性的取值范围。域中所包含的值的个数称为域的基数（用 m 表示）。例如：

牌值域：$D_1 = \{A, 2, 3, 4, 5, 6, 7, 8, 9, 10, J, Q, K\}$

基数：$m_1 = 13$；

花色域：$D_2 = \{黑桃，红桃，梅花，方片\}$

基数：$m_2 = 4$。

2. 笛卡儿积（Cartesian Product）

定义 2.2 给定一组域 D_1，D_2，…，D_n，这些域可以完全不同，也可以部分或全部相同，则 D_1，D_2，…，D_n 的笛卡儿积为：

$$D_1 \times D_2 \times \cdots \times D_n = \{(d_1, d_2, \cdots, d_n) \mid d_i \in D_i, i = 1, 2, \cdots, n\}$$

笛卡儿积也是一个集合。其中每个元素 $(d_1, d_2, \cdots, d_n)$ 叫做一个 n 元组（n-tuple），简称元组。元素中的每个值 d_i 叫做一个分量（Component）。

若 $D_i(i = 1, 2, \cdots, n)$ 为有限集，其基数为 $m_i(i = 1, 2, \cdots, n)$，则 $D_1 \times D_2 \times \cdots \times D_n$ 的基数为：

$$m = \prod_{i=1}^{n} m_i$$

【**例 2-1**】 设有域 $D_1 = \{A, 2, 3, \cdots, J, Q, K\}$，$D_2 = \{黑桃，红桃，梅花，方片\}$。则 D_1，D_2 的笛卡儿积为：

$$\begin{aligned}
D_1 \times D_2 = \{&(A，黑桃)，(A，红桃)，(A，梅花)，(A，方片)，\\
&(2，黑桃)，(2，红桃)，(2，梅花)，(2，方片)，\\
&\cdots \qquad \cdots \qquad \cdots \qquad \cdots \\
&(K，黑桃)，(K，红桃)，(K，梅花)，(K，方片)\}
\end{aligned}$$

基数为：$13 \times 4 = 52$。

笛卡儿积可表示为一个二维表（见表 2-2），表中的每行对应一个元组，表中的每列对应一个域。

表 2-2 笛卡儿积 $D_1 \times D_2$

牌值 D_1	花色 D_2
A	黑桃
A	红桃
A	梅花
A	方片
…	…
K	黑桃
K	红桃
K	梅花
K	方片

3. 关系（Relation）

笛卡儿积中许多元组无实际意义，从中取出有实际意义的元组便构成关系。

定义 2.3 $D_1 \times D_2 \times \cdots \times D_n$ 的有意义的子集称为域 D_1，D_2，$\cdots$，D_n 上的关系，记为 $R(D_1，D_2，\cdots，D_n)$。

其中，R 表示关系名；n 是关系的度或目（Degree）。

关系中的每个元素是关系中的元组，通常用 t 表示，$t \in R$ 表示 t 是 R 中的元组。

当 $n=1$ 时，称该关系为单元关系或一元关系。当 $n=2$ 时，称该关系为二元关系。

关系是笛卡儿积的有限子集，所以关系也是一个二维表，表的每行对应一个元组，表的每列对应一个域。由于域可以相同，为了加以区分，必须对每一列起一个名字，称为属性（Attribute）。n 目关系必有 n 个属性。

【例 2-2】 设有以下三个域：

$D_1 =$ 男人（MAN）$= \{$王强，李东，张兵$\}$

$D_2 =$ 女人（WOMAN）$= \{$赵红，吴芳$\}$

$D_3 =$ 儿童（CHILD）$= \{$王娜，李丽，李刚$\}$

其中，王强与赵红的子女为王娜；李东与吴芳的子女为李丽和李刚。

（1）求上面三个域的笛卡儿积：$D_1 \times D_2 \times D_3$。

（2）构造一个家庭关系：FAMILY。

首先求出笛卡儿积 $D_1 \times D_2 \times D_3$（见表 2-3），然后按照家庭的含义在 $D_1 \times D_2 \times D_3$ 中取出有意义的子集则构成了家庭关系（见表 2-4），可表示为：FAMILY（MAN，WOMAN，CHILD）。

表 2-3 $D_1 \times D_2 \times D_3$

MAN	WOMAN	CHILD
王强	赵红	王娜
王强	赵红	李丽
王强	赵红	李刚
王强	吴芳	王娜
王强	吴芳	李丽
王强	吴芳	李刚
李东	赵红	王娜
李东	赵红	李丽
李东	赵红	李刚
李东	吴芳	王娜
李东	吴芳	李丽
李东	吴芳	李刚
张兵	赵红	王娜
张兵	赵红	李丽
张兵	赵红	李刚
张兵	吴芳	王娜
张兵	吴芳	李丽
张兵	吴芳	李刚

表 2-4 FAMILY

MAN	WOMAN	CHILD
王强	赵红	王娜
李东	吴芳	李丽
李东	吴芳	李刚

29

4. 关系的相关概念

候选码：若关系中的某一属性组的值能唯一地标识一个元组，则称该属性组为候选码（Candidate key）。

在最简单的情况下，候选码只包含一个属性。在最极端的情况下，关系模式的候选码由所有属性构成，称为全码（All-key）。

主码：当关系中有多个候选码时，应选定其中的一个候选码为主码（Primary key）。当然，如果关系中只有一个候选码，这个唯一的候选码就是主码。

主属性和非主属性：关系中，候选码中的属性称为主属性（Prime Attribute），不包含在任何候选码中的属性称为非主属性（Non-key attribute）。

例如，有如下三个关系：

学生关系：Student（<u>学号</u>，姓名，性别，出生日期）

课程关系：Course（<u>课程号</u>，课程名，学分）

选课关系：Score（<u>学号</u>，<u>课程号</u>，成绩）

关系 Student 的候选码为学号和姓名（假设学生的姓名不重复），可选学号为主码。关系 Course 的候选码为课程号，主码为课程号。关系 Score 的候选码为（学号，课程号），主码为（学号，课程号）。

5. 关系的性质

关系有三种类型：基本关系（又称基本表或基表）、查询表和视图表。

基本表是实际存在的表，它是实际存储数据的逻辑表示；查询表是查询结果对应的表；视图表是由基本表或其他视图表导出的表，是虚表，不对应实际存储的数据。

基本关系具有以下六条性质：

① 列是同质的，即每一列中的分量是同一类型的数据，来自同一个域。

② 不同的列可出自同一个域，称其中的每一列为一个属性，不同的属性要给予不同的属性名。

③ 列的顺序无所谓，即列的顺序可以任意交换。由于列顺序是无关紧要的，因此在许多实际关系数据库产品中，增加新属性时，永远是插至最后一列。

④ 任意两个元组不能完全相同。但在一些实际的关系数据库产品中，如 ORACLE、SQL Server、FoxPro 等，如果用户没有定义相关的约束条件，则允许在关系表中存在两个完全相同的元组。

⑤ 行的顺序无所谓，即行的顺序可以任意交换。

⑥ 分量必须取原子值，即每个分量必须是不可再分的数据项。

关系模型要求关系必须是规范化的，即要求关系必须满足一定的规范化条件。这些条件中最基本的一条就是关系的每一个分量必须是一个不可分的数据项。通俗地讲，关系表中不允许还有表，简言之不允许"表中有表"。

2.2.2　关系模式

在数据模型中有型和值的概念。型是指对某一类数据的结构和属性的说明，值是型的一个具体赋值。在数据库中要区分型和值。关系数据库中，关系模式是型，关系是值。关系模式是对关系的描述，那么一个关系需要描述哪些方面呢？

首先，应该知道，关系实质上是一张二维表，表的每一行为一个元组，每一列为一个属性。一个元组就是该关系所涉及的属性集的笛卡儿积的一个元素。关系是元组的集合，因此关系模式必须指出这个元组集合的结构，即它是由哪些属性构成、这些属性来自哪些域，以及属性与域之间映像的关系。

其次，一个关系通常是由赋予它的元组语义来确定的。元组语义实质上是一个 n 目谓词（n 是属性集中属性的个数）。凡使该 n 目谓词为真的笛卡儿积中的元素（或者说凡符合元组语义的那部分元素）的全体就构成了该关系模式的关系。

现实世界随着时间在不断地变化，因而在不同的时刻，关系模式的关系也会有所变化。另外，现实世界的许多已有事实限定了关系模式所有可能的关系必须满足一定的完整性约束条件。这些约束或者通过对属性取值范围的限定（例如职工年龄小于 60 岁），或者通过属性值间的相互关联（例如课程的学时与学分应满足"（学时/学分）> =16"）反映出来。关系模式应当刻画出这些完整性约束条件。

定义 2.4　关系的描述称为关系模式（Relation Schema）。它可以形式化地表示为：

$$R(U,\ D,\ dom,\ F)$$

其中：R 为关系名，U 为组成该关系的属性名集合，D 为属性组 U 中属性所来自的域，dom 为属性向域的映像集合，F 为属性间数据的依赖关系集合。

属性间的数据依赖将在第 4 章讨论，而域名及属性向域的映像常常直接说明为属性的类型、长度。因此，在本章只关心关系名（R）和属性名集合（U），将关系模式简记为：

$$R(U)$$

或

$$R(A_1,\ A_2,\ \cdots,\ A_n)。$$

其中 R 为关系名，A_1，A_2，$\cdots$，A_n 为属性名。

关系实际上是关系模式在某一时刻的状态或内容。也就是说，关系模式是型，关系是它的值。关系模式是静态的、稳定的，而关系是动态的、随时间不断变化的，因为关系操作在不断地更新着数据库中的数据。但在实际工作中，人们常常把关系模式和关系统称为关系，读者可以从上下文中加以区别。

2.2.3　关系数据库

在关系模型中，实体及实体间的联系都是用关系来表示。例如，学生实体、课程实体、学生与课程之间的多对多联系都可以分别用一个关系来表示。在一个给定的现实世界应用领域中，所有实体及实体之间联系所形成关系的集合就构成了一个关系数据库。

关系数据库也有型和值之分。关系数据库的型称为关系数据库模式，是对关系数据库的描述，是关系模式的集合。关系数据库的值也称为关系数据库，是这些关系模式在某一时刻对应的关系的集合。关系数据库模式与关系数据库通常统称为关系数据库。

2.3　关系的完整性

关系的完整性规则是对关系的某种约束条件。关系模型中有三类完整性约束：实体完整性、参照完整性和用户定义的完整性。其中实体完整性和参照完整性是关系模型必须满足的完整性约束条件，被称为关系的两个不变性，应该由关系系统自动支持。用户定义的完整性是应用领域需要遵循的约束条件，体现了具体领域中的语义约束。

2.3.1 实体完整性

实体完整性规则：若属性（指一个或一组属性）A 是基本关系 $R(U)$（$A \in U$）的主属性，则属性 A 不能取空值。

一个基本关系通常对应现实世界的一个实体集。例如，学生关系（Student）对应于学生集合。现实世界中的实体是可区分的，即它们具有某种唯一性标识。相应地，关系是以主码作为唯一性标识。主码中的属性即主属性不能取空值。所谓空值就是"不知道"或"无意义"的值。

注意，关系的所有主属性都不能取空值，而不仅是主码不能取空值。

例如，在学生关系 Student（学号，姓名，性别，出生日期）中，假定学号、姓名均为候选码，学号为主码，则实体完整性规则要求，在学生关系中，不仅学号不能取空值，姓名也不能取空值，因为姓名是候选码，也是主属性。

2.3.2 参照完整性

现实世界中的实体之间往往存在某种联系，在关系模型中实体及实体间的联系都是用关系来描述的。这样就自然存在着关系与关系间的引用。例如，学生、课程、学生与课程之间的多对多联系可以用下面的三个关系来表示（其中主码用下画线标识）。

Student（<u>学号</u>，姓名，性别，出生年月，入学成绩，党员否，班级编号，简历，照片）

Course（<u>课程编号</u>，课程名称，先修课号，学时，学分）

Score（<u>学号</u>，<u>课程编号</u>，成绩，学期）

这三个关系之间存在着属性的引用，即选修关系（Score）引用了学生关系（Student）的主码"学号"和课程关系（Course）的主码"课程编号"。显然，选修关系中的"学号"值必须是确实存在的学生的学号，即学生关系中有该学生的记录；同理，选修关系中的"课程编号"值也必须是确实存在的课程的编号，即课程关系中有该课程的记录。换句话说，选课关系中某些属性的取值需要参照其他关系相关属性的取值。

不仅两个或两个以上的关系间存在引用关系，而且同一关系内部属性间也可能存在引用关系。例如，在上述课程关系中，"课程编号"属性是主码，"先修课号"属性表示该课程的先修课的课程编号，它引用了本关系的"课程编号"属性，即"先修课号"必须是确实存在课程的课程编号。

上例说明关系与关系之间存在着相互引用，相互约束的情况。下面先引入外码的概念，然后给出表达关系之间相互引用约束的参照完整性定义。

定义 2.5 设 F 是关系 R 的一个或一组属性，但不是 R 的码，如果 F 与关系 S 的主码 K_S 相对应，则称 F 是关系 R 的外码（Foreign Key），并称关系 R 为参照关系，关系 S 为被参照关系或目标关系。关系 R 和 S 不一定是不同关系（见图 2-1）。

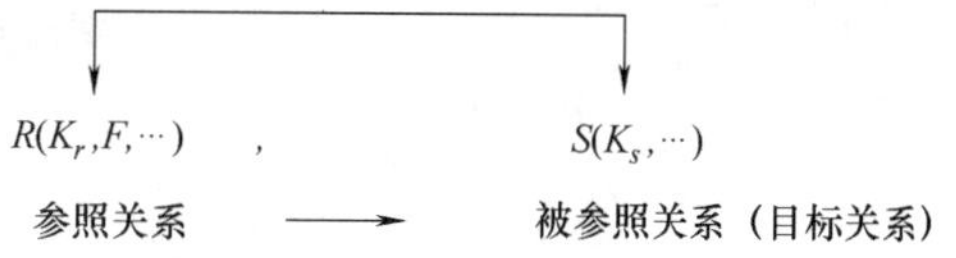

显然，目标关系 S 的主码 K_S 和参照关系 R 的外码 F 必须定义在同一个（或同一组）域上。

$$R(K_r, F, \cdots) \quad , \quad S(K_s, \cdots)$$

参照关系　　　　　　　被参照关系（目标关系）

图 2-1　S 与 R 的参照关系

在上例中，选修关系的"学号"属性与学生关系的主码"学号"相对应；选修关系的"课程编号"属性与课程关系的主码"课程编号"相对应。因此，"学号"和"课程编号"属性是选修关系的外码。这里学生和课程关系均为被参照关系，选课关系为参照关系。

同理，课程关系中的"先修课号"与本身的"课程编号"属性相对应，因此"先修课号"为外码。而课程关系既是参照关系也是被参照关系。

需要指出的是，外码并不一定要与相应的主码同名，如课程关系的主码名（课程编号）与外码名（先修课号）就不相同。不过，在实际应用当中，为了便于识别，当外码与相应的主码属于不同关系时，往往给它们取相同的名字。

参照完整性规则就是定义外码与主码之间的引用规则。

参照完整性规则：若属性（或属性组）F 是关系 R 的外码，它与关系 S 的主码 K_S 相对应（R 和 S 不一定是不同的关系），则对于 R 中每一个元组在 F 上的值必须为：

● 或者取空值（F 的每个属性均为空值）。
● 或者等于 S 中某个元组的主码值。

例如，对于上例选课关系中的外码"学号"和"课程编号"属性的取值只能是空值或目标关系（学生和课程关系）中已存在的值。但由于"学号"和"课程编号"又是选修关系的主属性，按照实体完整性规则，它们均不能取空值。所以选修关系中的"学号"和"课程编号"属性实际上只能取相应目标关系中已经存在的值。

参照完整性规则中，R 与 S 可以是同一关系。如课程关系的外码"先修课号"，按照参照完整性规则，其取值可以为：

● 空值，表示该课程的先修课还未确定。
● 非空值，这时该值必须是本关系中某个元组的课程编号值。

2.3.3　用户定义的完整性

实体完整性和参照完整性适用于任何关系数据库系统。除此之外，不同的关系数据库系统根据其应用环境的不同，往往还需要一些特殊的约束条件，用户定义的完整性就是针对某一具体关系数据库的约束条件，它反映某一具体应用所涉及的数据必须满足的语义要求。

关系模型应提供定义和检查这类完整性的机制，以便用统一、系统的方法处理它们，而不要由应用程序承担这一功能。

如学生考试成绩取值范围在 0~100 之间，性别取值只能是"男"或"女"等。可在定义关系结构时设置，还可通过触发器、规则等来设置。在开发数据库应用系统时，设置用户定义的完整性是一项非常重要的工作。

2.4 关系代数

关系代数是一种抽象的查询语言，它是用关系的运算来表达查询，作为研究关系数据语言的数学工具。

关系代数的运算对象是关系，运算结果亦为关系。关系代数用到的运算符包括四类：集合运算符、专门的关系运算符、比较运算符和逻辑运算符，如表 2-5 所示。

表 2-5　关系代数运算符

运 算 符		含 义	运 算 符		含 义
集合 运算符	∪	并	比较 运算符	>	大于
	−	差		≥	大于等于
	∩	交		<	小于
	×	广义笛卡儿积		≤	小于等于
				=	等于
				≠	不等于
专门的 关系 运算符	σ	选择	逻辑 运算符	¬	非
	π	投影		∧	与
	⋈	连接		∨	或
	÷	除			

比较运算符和逻辑及运算符是用来辅助专门的关系运算符进行操作的，所以关系代数的运算按运算符的不同主要分为传统的集合运算和专门的关系运算两类。

2.4.1 传统集合运算

传统集合运算将关系看成是元组的集合，其运算是从关系的水平方向即行的角度来进行。传统集合运算是两目运算，包括并、交、差、广义笛卡儿积四种。

1. 并（Union）

设关系 R 和关系 S 具有相同的目 n（即两个关系都有 n 个属性），且相应的属性取自同一个域，则关系 R 与关系 S 的并由属于 R 或属于 S 的元组组成，其结果仍为 n 目关系。记为：

$$R \cup S = \{t \mid t \in R \vee t \in S\}$$

例如，关系 R 与 S 的并运算如图 2-2 所示。

2. 差（Difference）

设关系 R 和关系 S 具有相同的目 n（即两个关系都有 n 个属性），且相应的属性取自同一个域，则关系 R 与关系 S 的差由属于 R 而不属于 S 的元组组成，其结果仍为 n 目关系。记为：

$$R - S = \{t \mid t \in R \wedge t \notin S\}$$

例如，关系 R 与 S 的差运算如图 2-3 所示。

R

A	B	C
a1	b1	c1
a2	b2	c2
a2	b2	c1

S

A	B	C
a2	b2	c2
a1	b3	c2
a2	b2	c1

R∪S →

R∪S

A	B	C
a1	b1	c1
a2	b2	c2
a1	b3	c2
a2	b2	c1

图 2-2 关系 R 与 S 的并运算

R

A	B	C
a1	b1	c1
a2	b2	c2
a2	b2	c1

S

A	B	C
a2	b2	c2
a1	b3	c2
a2	b2	c1

R—S →

R—S

A	B	C
a1	b1	c1

图 2-3 关系 R 与 S 的差运算

3. 交（Intersection Referential Integrity）

设关系 R 和关系 S 具有相同的目 n（即两个关系都有 n 个属性），且相应的属性取自同一个域，则关系 R 与关系 S 的交由既属于 R 又属于 S 的元组组成，其结果仍为 n 目关系。记为：

$$R \cap S = \{t \mid t \in R \land t \in S\}$$

例如，关系 R 与 S 的交运算如图 2-4 所示。

4. 广义笛卡儿积（Extended Cartesian Product）

两个分别为 n 目和 m 目的关系 R 和 S 的广义笛卡儿积是一个 $(n+m)$ 列的元组的集合。元组的前 n 列是关系 R 的一个元组，后 m 列是关系 S 的一个元组。若 R 有 k_1 个元组，S 有 k_2 个元组，则关系 R 和关系 S 的广义笛卡儿积有 $k_1 \times k_2$ 个元组。记为：

$$R \times S = \{\widehat{t_r t_s} \mid t_r \in R \land t_s \in S\}$$

其中：$\widehat{t_r t_s}$ 称为元组的连接。它是一个 $(n+m)$ 列的元组，前 n 个分量为 R 中的一个 n 元组（t_r），后 m 个分量为 S 中的一个 m 元组（t_s）。

例如，关系 R 与 S 的广义笛卡儿积运算如图 2-5 所示。

R

A	B	C
a1	b1	c1
a2	b2	c2
a2	b2	c1

S

A	B	C
a2	b2	c2
a1	b3	c2
a2	b2	c1

R∩S

R∩S

A	B	C
a2	b2	c2
a2	b2	c1

图 2-4   关系 R 与 S 的交运算

R

A	B	C
a1	b1	c1
a1	b2	c2
a2	b2	c1

S

A	B	C
a1	b2	c2
a1	b3	c2
a2	b2	c1

R×S

R×S

R·A	R·B	R·C	S·A	S·B	S·C
a1	b1	c1	a1	b2	c2
a1	b1	c1	a1	b3	c2
a1	b1	c1	a2	b2	c1
a1	b2	c2	a1	b2	c2
a1	b2	c2	a1	b3	c2
a1	b2	c2	a2	b2	c1
a2	b2	c1	a1	b2	c2
a2	b2	c1	a1	b3	c2
a2	b2	c1	a2	b2	c1

图 2-5   关系 R 与 S 的广义笛卡儿积运算

【例 2-3】   某商店有本店商品表 R（见表 2-6）和从工商局接到的不合格商品表 S（见表 2-7）。试求：

（1）该店中的合格商品表。

（2）该店内不合格的商品表。

第（1）问应该用集合差运算 $R-S$（见表 2-8）；第（2）问应该用集合交运算 $R∩S$。结果如表 2-9 所示。

表 2-6   商品表 R

品　牌	名　　称	厂　家
MN	酸奶	天南
YL	酸奶	地北
LH	红糖	南山
WDS	红糖	北山
ZY	食盐	西山

表 2-7 不合格商品表 S

品 牌	名 称	厂 家
YL	酸奶	地北
SH	火腿	西山
WDS	红糖	北山

表 2-8 $R - S$

品 牌	名 称	厂 家
MN	酸奶	天南
LH	红糖	南山
ZY	食盐	西山

表 2-9 $R \cap S$

品 牌	名 称	厂 家
YL	酸奶	地北
WDS	红糖	北山

2.4.2 专门的关系运算

专门的关系运算包括选择、投影、连接、除等。为了叙述方便，我们首先引入几个记号。

1) 分量：设关系模式为 $R(A_1, A_2, \cdots, A_n)$，它的一个关系设为 R。$t \in R$ 表示 t 是 R 的一个元组，$t[A_i]$ 则表示元组 t 中相应于属性 A_i 的一个分量。

2) 属性列或属性组：若 $A = \{A_{i1}, A_{i2}, \cdots, A_{ik}\}$，其中 $A_{i1}, A_{i2}, \cdots, A_{ik}$ 是 $A_1, A_2, \cdots, A_n$ 中的一部分，则 A 称为属性列或属性组。$t[A] = (t[A_{i1}], t[A_{i2}], \cdots, t[A_{ik}])$ 表示元组 t 在属性列 A 上诸分量的集合。$\overline{A}$ 则表示 $\{A_1, A_2, \cdots, A_n\}$ 中去掉 $\{A_{i1}, A_{i2}, \cdots, A_{ik}\}$ 后剩余的属性组。

3) 元组的连接：R 为 n 目关系，S 为 m 目关系。$t_r \in R$，$t_s \in S$，$\widehat{t_r t_s}$ 称为元组的连接。它是一个 $(n+m)$ 列的元组，前 n 个分量为 R 中的一个 n 元组 (t_r)，后 m 个分量为 S 中的一个 m 元组 (t_s)。

4) 象集：给定一个关系 $R(X, Z)$，X 和 Z 为属性组。我们定义，当 $t[X] = x$ 时，x 在 R 中的象集为

$$Z_x = \{t[Z] \mid t \in R, t[X] = x\}$$

它表示 R 中属性组 X 上值为 x 的诸元组在 Z 上分量的集合。

例如，在图 2-6 中：

3 在 R 中的象集 $Z_3 = \{5, 9\}$

4 在 R 中的象集 $Z_4 = \{6, 7\}$

图 2-6 象集举例

R	
x	z
3	5
4	6
4	7
5	8
3	9

5 在 R 中的象集 $Z_5 = \{8\}$

下面给出这些专门的关系运算的定义：

1. 选择（Selection）

选择又称为限制。它是在关系 R 中选择满足给定条件的元组，记为：

$$\sigma_F(R) = \{t \mid t \in R \wedge F(t) = \text{'真'}\}$$

其中 F 表示选择条件，它是一个逻辑表达式，取逻辑值"真"或"假"。

逻辑表达式 F 的基本形式为

$$X_1 \theta Y_1 [\Phi X_2 \theta Y_2 \cdots]$$

θ 表示比较运算符，$\theta = \{>, \geq, <, \leq, =, \neq\}$。$X_1$、$Y_1$ 等是属性名、常量或简单函数。属性名也可以用它的序号来代替。Φ 表示逻辑运算符，$\Phi = \{\neg, \wedge, \vee\}$。[ ] 表示任选项，即 [ ] 中的部分可以要也可以不要，…表示上述格式可以重复下去。

因此，选择运算实际上是从关系 R 中选取使逻辑表达式 F 为真的元组。这是从行的角度进行的运算。

【例2-4】 求工商管理系 MA 的学生。

$\sigma_{Sdept = \text{'MA'}}(S)$ 或 $\sigma_{2 = \text{'MA'}}(S)$

运算结果见图 2-7。

【例2-5】 求计算机科学系 CS，并且年龄不超过 21 岁的学生。

$\sigma_{Sdept = \text{'CS'} \wedge Sage \leq 21}(S)$

运算结果见图 2-7。

S

Sno	Sname	Sdept	Sage
S1	A	CS	20
S2	B	CS	21
S3	C	MA	19
S4	D	CI	19
S5	E	MA	20
S6	F	MA	22

$\sigma_{Sdept = \text{'MA'}}(S)$

Sno	Sname	Sdept	Sage
S3	C	MA	19
S5	E	MA	20
S6	F	MA	22

$\sigma_{Sdept = \text{'CS'} \wedge Sage \leq 21}(S)$

Sno	Sname	Sdept	Sage
S1	A	CS	20
S2	B	CS	21

图 2-7 选择运算

2. 投影（Projection）

关系 R 上的投影是从 R 中选择若干属性列组成新的关系。记为：

$$\pi_A(R) = \{t[A] \mid t \in R\}$$

其中：A 为 R 中的属性列，$t[A]$ 表示元组 t 在属性列 A 上诸分量的集合。

投影操作是从列的角度进行的运算。

【例2-6】 查询学生的姓名和年龄，即求学生关系 S 在学生姓名（Sname）和年龄（Sage）这两个属性上的投影。

$\pi_{Sname, Sage}(S)$

运算结果见图 2-8。

图 2-8　投影运算

投影之后不仅取消了原关系中的某些列，而且还可能取消某些元组（重复）。因为取消了某些属性列后，就可能出现重复行，应取消这些完全相同的行，图 2-8 中的 π_{Sdept}（S）运算结果就取消了重复的系名。

3. 连接（Join）

关系 R 与关系 S 的连接运算是从两个关系的广义笛卡儿积中选取属性间满足一定条件的元组形成一个新关系。记为：

$$R\underset{A\theta B}{\bowtie}S=\{\widehat{t_rt_s}\mid t_r\in R\wedge t_s\in S\wedge t_r[A]\theta t_s[B]\}$$

其中，A 和 B 分别为 R 和 S 上度数相等且可比的属性组，θ 是比较运算符。连接运算从 R 和 S 的笛卡儿积 $R\times S$ 中选取 R 关系在 A 属性组上的值与 S 关系在 B 属性组上的值满足比较关系 θ 的元组。

连接运算中有两种最为重要也最为常用的连接，一种是等值连接（Equal join），另一种是自然连接（Natural join）。

（1）等值连接

θ 为 "＝" 的连接运算称为等值连接。关系 R 和 S 的等值连接是从 R 和 S 的广义笛卡儿积 $R\times S$ 中选取 A 与 B 等值的那些元组形成的关系。

（2）自然连接

关系 R 和 S 的自然连接是一种特殊的等值连接，它要求关系 R 和 S 中进行比较的分量必须是相同的属性组的一种连接，并且在结果中把重复的属性列去掉（只保留一个）。自然连接记为：$R\bowtie S$。

一般的连接运算是从行的角度进行的。但自然连接还需要取消重复列，所以自然连接是同时从行和列的角度进行运算。

一般地，自然连接使用在 R 和 S 有公共属性的情况中。如果两个关系没有公共属性，那么它们的自然连接就转化为广义笛卡儿积。

已知 R 和 S，则一般连接、等值连接和自然连接运算示例如图 2-9 所示。

4. 除运算（Division）

给定关系 R（X，Y）和 S（Y，Z），其中 X、Y、Z 为属性组。R 中的 Y 与 S 中的 Y 可以有不同的属性名，但必须出自相同的域集。R 与 S 的除运算得到一个新的关系 P（X），

R

A	B	C
a1	b1	5
a1	b2	6
a2	b3	8
a2	b4	12

S

B	E
b1	3
b2	7
b3	10
b3	2
b5	2

$R \underset{C<E}{\bowtie} S$

A	R.B	C	S.B	E
a1	b1	5	b2	7
a1	b1	5	b3	10
a1	b2	6	b2	7
a1	b2	6	b3	10
a2	b3	8	b3	10

$R \underset{R.B=S.B}{\bowtie} S$

A	R.B	C	S.B	E
a1	b1	5	b1	3
a1	b2	6	b2	7
a2	b3	8	b3	10
a2	b3	8	b3	2

$R \bowtie S$

A	B	C	E
a1	b1	5	3
a1	b2	6	7
a2	b3	8	10
a2	b3	8	2

图 2-9　连接运算

P 是 R 中满足下列条件的元组在 X 属性列上的投影：元组在 X 上分量值 x 的象集 Y_x 包含 S 在 Y 上投影的集合。记为：

$$R \div S = \{ t_r[X] \mid t_r \in R \wedge Y_x \supseteq \pi_Y(S) \}$$

其中：Y_x 为 x 在 R 中的象集，$x = t_r[X]$。

除操作是同时从行和列角度进行运算。

已知关系 R 与 S，则 $R \div S$ 的结果如图 2-10 所示。

R

A	B	C
A1	B1	C2
A2	B3	C7
A3	B4	C6
A1	B2	C3
A4	B6	C6
A2	B2	C3
A1	B2	C1

S

B	C	D
B1	C2	D1
B2	C1	D1
B2	C3	D2

R÷S

A
A1

图 2-10　除运算

在关系 R 中 A 可以取四个值 $\{A1, A2, A3, A4\}$。其中：

$A1$ 的象集为：$\{(B1, C2), (B2, C3), (B2, C1)\}$

$A2$ 的象集为：$\{(B3, C7), (B2, C3)\}$

$A3$ 的象集为：$\{(B4, C6)\}$

$A4$ 的象集为：$\{(B6, C6)\}$

而 S 在 (B, C) 上的投影为：$\{(B1,C2), (B2,C3), (B2,C1)\}$

显然，只有 $A1$ 的象集 $(B，C)_{A1}$ 包含了 S 在 $(B，C)$ 属性组上的投影，所以 $R \div S = \{A1\}$。

利用基本的广义笛卡儿积、差和投影运算，可以导出除法的另一种表示：

1) $T = \pi_x(R)$

2) $P = \pi_y(S)$

3) $Q = (T \times P) - R$

4) $W = \pi_x(Q)$

5) $R \div S = T - W$

即：$R \div S = \pi_x(R) - \pi_x((T \times \pi_y(S)) - R)$

上例采用此种方法求解步骤如图2-11所示。

R		
A	B	C
A1	B1	C2
A2	B3	C7
A3	B4	C6
A1	B2	C3
A4	B6	C6
A2	B2	C3
A1	B2	C1

① $T=\pi_x(R)$
A
A1
A2
A3
A4

③ $Q=(T \times P)-R$		
A	B	C
A2	B1	C2
A2	B2	C1
A3	B1	C2
A3	B2	C1
A3	B2	C3
A4	B1	C2
A4	B2	C1
A4	B2	C3

S		
B	C	D
B1	C2	D1
B2	C1	D1
B2	C3	D2

② $P=\pi_y(S)$	
B	C
B1	C2
B2	C1
B2	C3

④ $W=\pi_x(Q)$
A
A2
A3
A4

⑤ $R \div S=T-W$
A
A1

图2-11 除法的另一种求解步骤

5. 专门关系运算举例

已知学生成绩数据库中有三个关系：

Student（学号，姓名，性别，出生年月，入学成绩，党员否，班级编号，简历，照片）

Course（课程编号，课程名称，先修课号，学时，学分）

Score（学号，课程编号，成绩，学期）

注：下画线代表主码，波浪线代表外码。

试完成下列关系运算。

【例2-7】 检索选修课程编号为04010102的学生学号与成绩。

$$\pi_{\text{学号,成绩}}\left(\sigma_{\text{课程编号} = '04010102'}(\text{Score})\right)$$

【例2-8】 检索选修课程编号为04010102的学生学号和姓名。

$$\pi_{\text{学号,姓名}}\left(\sigma_{\text{课程编号} = '04010102'}(\text{Student}\bowtie\text{Score})\right)$$

【例2-9】 求选修"管理信息系统"这门课程的学生名和所在班。

$$\pi_{\text{姓名,班级编号}}\left(\text{Student}\bowtie\text{Score}\bowtie\left(\sigma_{\text{课程名称} = '管理信息系统'}(\text{Course})\right)\right)$$

【例2-10】 检索选修课程编号为04010101或04010102的学生学号和所在班。

$$\pi_{\text{学号,班级编号}}\left(\text{Student}\bowtie\pi_{\text{学号}}\left(\sigma_{\text{课程编号} = '04010101' \lor \text{课程编号} = '04010102'}(\text{Score})\right)\right)$$

【例2-11】 检索既选修04010102号课程又选修了04010103号课程的学生学号。

$$\pi_{\text{学号}}\left(\sigma_{\text{课程编号} = '04010102'}(\text{Score})\right) \cap \pi_{\text{学号}}\left(\sigma_{\text{课程编号} = '04010103'}(\text{Score})\right)$$

【例2-12】 求不学04010102这门课程的学生。

$$\pi_{\text{学号}}(\text{Student}) - \pi_{\text{学号}}\left(\sigma_{\text{课程编号} = '04010102'}(\text{Score})\right)$$

【例2-13】 求选修全部课程的学生。

$$\pi_{\text{姓名}}\left(\text{Student}\bowtie\left(\pi_{\text{课程编号,学号}}(\text{Score}) \div \pi_{\text{课程编号}}(\text{Course})\right)\right)$$

本节介绍了八种关系代数运算，其中并、差、广义笛卡儿积、选择和投影五种运算为基本运算。其他三种运算（交、连接和除）均可用这五种基本运算来表达。引进它们并不增加语言的能力，但可以简化表达。

2.5 小结

关系数据库系统是本书的重点。这是因为关系数据库系统是目前使用最广泛的数据库系统。20世纪70年代以后开发的数据库管理系统产品几乎都是基于关系的。在数据库发展的历史上，最重要的成就之一是关系模型。

本章主要从集合代数的角度上系统讲解了关系的基本概念、关系模型的数据结构、关系的完整性以及关系的数据操作。相对于其他数据库系统来说，关系数据库只有"表"这一种结构，关系模型的数据结构虽然简单，却能表达丰富的语义，描述出现实世界的实体以及实体之间的联系。本章是关系数据库的最基本理论，是学习其他相关理论的基础。

习 题

一、单项选择题

1. 下面的选项不是关系数据库基本特征的是（   ）。

A. 不同的列应有不同的数据类型   B. 不同的列应有不同的列名

C. 与行的次序无关   D. 与列的次序无关

2. 一个关系只有一个（   ）。

A. 候选码   B. 外码   C. 超码   D. 主码

3. 现有如下关系：

患者（患者编号，患者姓名，性别，出生日期，所在单位）

医疗（患者编号，医生编号，医生姓名，诊断日期，诊断结果）

其中，医疗关系中的外码是（   ）。

A. 患者编号　　　　　　　　　　　　B. 患者姓名

C. 医生编号和医生姓名　　　　　　　D. 医生编号和患者编号

4. 下列关系运算符中，不是基本运算的是（　　　）。

A. 除　　　　B. 选择　　　　C. 投影　　　　D. 差

5. 关系数据库中的投影操作是指从关系中（　　　）。

A. 抽出特定记录　　　　　　　　　　B. 抽出特定字段

C. 建立相应的影像　　　　　　　　　D. 建立相应的图形

6. 从一个数据库文件中取出满足某个条件的所有记录形成一个新的数据库文件的操作是（　　　）操作。

A. 投影　　　　B. 连接　　　　C. 选择　　　　D. 复制

7. 关系代数中的连接操作是由（　　　）操作组合而成。

A. 选择和投影　　　　　　　　　　　B. 选择和笛卡儿积

C. 投影、笛卡儿积　　　　　　　　　D. 投影和笛卡儿积

8. 自然连接是构成新关系的有效方法。一般情况下，当对关系 R 和 S 进行自然连接时，要求 R 和 S 含有一个或者多个共有的（　　　）。

A. 记录　　　　B. 行　　　　C. 属性　　　　D. 元组

9. 假设有关系 R 和 S，在下列的关系运算中，（　　　）运算不要求："R 和 S 具有相同的元组，且它们的对应属性的数据类型也相同"。

A. $R \cap S$　　　　B. $R \cup S$　　　　C. $R - S$　　　　D. $R \times S$

10. 假设有关系 R 和 S，关系代数表达式 $R - (R - S)$ 表示的是（　　　）。

A. $R \cap S$　　　　B. $R \cup S$　　　　C. $R - S$　　　　D. $R \times S$

二、简答题

1. 简述在关系数据库中，一个关系应具有哪些性质？

2. 简述关系模型的完整性规则。

3. 关系代数的运算对象、运算符号及运算结果是什么？

4. 解释下列术语。

① 域、笛卡儿积、关系、元组、属性。

② 候选码、主码、外码。

三、综合题

1. 设有关系 R 和 S，如下所示。

R		
A	B	C
3	6	7
2	5	7
7	2	3
1	1	3

S		
C	D	E
3	4	5
7	2	3

计算：① $R \cup S$。

② $R - S$。

③ $R \times S$。

④ $\pi_{3,2,1}(S)$。

⑤ $\sigma_{B<5}$ (R)。

⑥ $R \cap S$。

计算并、交、差时，不考虑属性名，仅仅考虑属性的顺序。

2. 关系数据库 student 中有如下关系模式，用关系代数语言完成下述查询操作。

S（学号，姓名，性别，系）

C（课程号，课程名，先修课，学分）

SC（学号，课程号，成绩）

① 查询信息系所有男生。

② 查询所有男生的姓名。

③ 查询'数据库'课程的选修学生名单。

④ 查询所有学生的学号、姓名，课程名和成绩。

⑤ 查询选修了全部课程的学生的学号。

⑥ 查询所有'数据库'课程不及格的学生姓名和分数。

⑦ 查询'王敏'同学选修了哪些课程。

第 3 章
关系数据库标准语言——SQL

3.1 SQL 概述

SQL（Structured Query Language），即结构化查询语言，是关系数据库的标准语言，SQL 是一个通用的、功能极强的关系数据库语言。当前，几乎所有的关系数据库管理系统软件都支持 SQL，许多软件厂商对 SQL 基本命令集还进行了不同程度的扩充和修改。1974 年，SQL 由 Ray Boyce 和 Don Chamberlain 提出，1975 ~ 1979 年，IBM San Jose Research Lab 的关系数据库管理系统原型 System R 实施了这种语言。SQL-86 是第一个 SQL 标准（ANSI/ISO），之后有 SQL-89、SQL-92（SQL2）、SQL-99（SQL3）、SQL2003（SQL4）等。目前，大部分 RDBMS（关系数据库管理系统）产品都支持 SQL，它已成为操作关系数据库的标准语言。

SQL 之所以能够为用户和业界所接受，成为国际标准，是因为它是一种综合的、通用的、功能极强同时又简洁易学的语言。SQL 集数据查询、数据操纵、数据定义和数据控制功能于一身，充分体现了关系数据库语言的特点与优点。其主要特点包括：

1. 综合统一

SQL 集数据定义语言 DDL、数据操纵语言 DML、数据控制语言 DCL 的功能于一体，语言风格统一，可以独立完成数据库生命周期中的全部活动，包括定义关系模式、建立数据库、查询、更新、维护、数据库重构、数据库安全控制等一系列操作要求，这就为数据库应用系统开发提供了良好的环境。

2. 高度非过程化

非关系数据模型的数据操纵语言是面向过程的语言，用其完成某项请求，必须指定存取路径。而用 SQL 进行数据操作，用户只需提出"做什么"，而不必指明"怎么做"，因此用户无需了解存取路径，存取路径的选择以及 SQL 语句的操作过程由 DBMS 自动完成。这不但大大减轻了用户负担，而且有利于提高数据独立性。

3. 面向集合的操作方式

非关系数据模型采用的是面向记录的操作方式，操作对象是一条记录。例如查询所有平均成绩在 80 分以上的学生姓名，用户必须一条一条地把满足条件的学生记录找出来（通常要说明具体处理过程及存取路径）。而 SQL 采用集合操作的方式，不仅操作对象、查询结果可以是元组的集合，而且一次插入、删除、更新操作的对象也可以是元组的集合。

4. 以同一种语法结构提供两种使用方式

SQL 既是独立的语言，又是嵌入式语言。

作为独立的语言，它能够独立地用于联机交互的使用方式，用户可以在终端键盘上直接键入 SQL 命令对数据库进行操作；作为嵌入式语言，SQL 语句能够嵌入到高级语言（例如 C、C++、Java）程序中，供程序员设计程序时使用。而在两种不同的使用方式下，SQL 的语法结构基本上是一致的。这种以统一的语法结构提供多种不同使用方式的做法，提供了极大的灵活性与方便性。

5. 语言简洁，易学易用

SQL 功能极强，由于设计巧妙，语言十分简洁，所以完成数据定义、数据操纵、数据控制的核心功能只用了 9 个动词，如表 3-1 所示。而且 SQL 语法简单，接近英语口语，因此容易学习，容易使用。

表 3-1 SQL 语言动词

SQL 功能	动　　词
数据定义	CREATE，DROP，ALTER
数据查询	SELECT
数据操纵	INSERT，UPDATE，DELETE
数据控制	GRANT，REVOKE

支持 SQL 的 RDBMS 同样支持关系数据库三级模式结构，如图 3-1 所示。其中外模式对应于视图（View）和部分基本表（Base Table），模式对应于基本表，内模式对应于存储文件。

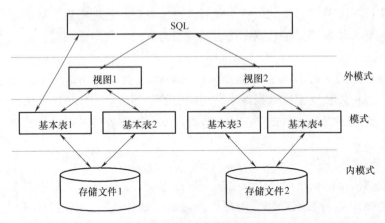

图 3-1　SQL 对关系数据库模式的支持

用户可以用 SQL 对基本表和视图进行查询或其他操作。从用户观点上理解，基本表和视图一样，都是关系，表中的列对应关系属性，表中的行对应关系的元组。

基本表是本身独立存在的表，在 SQL 中一个关系就对应一个基本表，一个或多个基本表对应一个存储文件，一个表可以带若干索引，索引也存放在存储文件中。

存储文件的逻辑结构组成了关系数据库的内模式。存储文件的物理结构是任意的，对用户是透明的。

视图是从一个或多个基本表中导出的表，它本身不独立存储在数据库中，即数据库中只存储视图的定义而不存储视图对应的数据。因此，可以将其理解为一个虚表。

下面将逐一介绍 SQL 主要语句的功能和使用格式。为了突出基本概念和基本功能，略去了许多语法细节。各个 RDBMS 产品在实现标准 SQL 时各有差异，与 SQL 标准的符合程度也不同。因此，具体使用某个 RDBMS 产品时，还应参阅系统提供的有关手册或联机文档。

在本章用学生成绩数据库这个例子来讲解 SQL 的数据定义、数据查询、数据操纵和数据控制语句的具体应用。

学生成绩数据库包括以下四个表：

● 学生表：Student（学号，姓名，性别，出生日期，入学成绩，党员否，班级编号，简历，照片）

● 班级表：Class（班级编号，班级名称，所属专业，班级人数）

● 课程表：Course（课程编号，课程名称，先修课，考核方式，学时，学分）

● 选课表：Score（学号，课程编号，成绩，学期）

关系的主码用下画线表示，外码用波浪线表示。各个表中的数据示例见图 3-2。

Student

学号	姓名	性别	出生日期	入学成绩	党员否	班级编号	简历	照片
2008094001	张楚	男	1991-01-15	545	1	200801	NULL	NULL
2008094002	田亮	女	1990-10-12	516	0	200801	NULL	NULL
2008094003	方健	男	1991-05-21	526	1	200801	NULL	NULL
2008094004	薛小飞	男	1990-04-28	530	0	200801	NULL	NULL
2008094005	曹百慧	女	1992-06-26	550	1	200801	NULL	NULL
2008094006	张婷	女	1991-08-16	517	1	200802	NULL	NULL
2008094007	李超伦	男	1989-03-15	500	0	200802	NULL	NULL
2008094008	程超楠	女	1992-09-28	555	1	200802	NULL	NULL
2008094009	李洋	男	1990-12-12	515	0	200803	NULL	NULL
2008094010	连雪飞	男	1991-10-10	544	0	200803	NULL	NULL

Class

班级编号	班级名称	所属专业	班级人数
200801	国际贸易081	国际贸易	30
200802	财务管理082	财务管理	35
200803	信息管理083	信息管理	31

Course

课程编号	课程名称	先修课	考核方式	学时	学分
04010101	管理学	04010103	考试	64	4
04010102	数据库系统	NULL	考查	48	3
04010103	统计学	04010102	考试	50	3
04010104	技术经济学	04010101	考查	45	2.5

Score

学号	课程编号	成绩	学期
2008094001	04010101	92	200820091
2008094001	04010102	84	200820092
2008094001	04010103	54	200820092
2008094001	04010104	NULL	200820092
2008094002	04010101	86	200820092
2008094002	04010102	90	200820092
2008094002	04010103	67	200820092
2008094003	04010101	74	200820091
2008094003	04010102	45	200820092
2008094004	04010101	72	200820091
2008094005	04010101	56	200820091

图 3-2　学生成绩数据库的数据示例

3.2 数据定义

关系数据库系统支持三级模式结构，其模式、外模式和内模式中的基本对象有基本表、视图和索引。因此，SQL 的数据定义功能包括对基本表的定义、视图的定义和索引的定义，定义语句如表 3-2 所示。

表 3-2 SQL 数据定义语句

操作对象	操作方式		
	创 建	删 除	修 改
基本表	CREATE TABLE	DROP TABLE	ALTER TABLE
视图	CREATE VIEW	DROP VIEW	
索引	CREATE INDEX	DROP INDEX	

本节只介绍如何定义基本表和索引，视图的概念及其定义方法将在 3.5 节专门介绍。

3.2.1 基本表的定义、修改与删除

1. 定义基本表

SQL 使用 CREATE TABLE 语句定义基本表，其基本格式如下：

CREATE TABLE　　＜表名＞(＜列名＞＜数据类型＞[列级完整性约束条件]
　　　　　　　[，＜列名＞＜数据类型＞[列级完整性约束条件]] …
　　　　　　　[，＜表级完整性约束条件＞]);

其中，＜表名＞是所要定义的基本表的名字；＜列名＞是组成该表的各个属性（列）；＜数据类型＞用来实现域的概念，限制列的取值范围及运算；＜列级完整性约束条件＞是指涉及相应属性列的完整性约束条件；＜表级完整性约束条件＞是指涉及一个或多个属性列的完整性约束条件。

列级完整性约束主要包括：

● 主码约束：PRIMARY KEY。

● 唯一性约束：UNIQUE。

● 非空值约束：NOT NULL。

● 参照完整性约束：FOREIGN KEY REFERENCES ＜被参照表名＞(＜主码＞)。

● 域完整性约束：CHECK (＜条件＞)。

表级完整性约束包括：

● 主码约束：PRIMARY KEY (＜列组＞)。

● 唯一性约束：UNIQUE (＜列组＞)。

● 参照完整性约束：FOREIGN KEY(＜外码＞) REFERENCES ＜被参照表名＞(＜主码＞)。

● 域完整性约束：CHECK(＜条件＞)。

上述各种约束在定义时均可选择在前面加上 CONTRAINT ＜约束名＞子句来指定约束名。约束名用来标识一个特定的约束，在一个特定模式（数据库）中的约束名必须是唯

一的。

　　如果完整性约束条件涉及该表的多个属性列，则必须定义在表级上，否则既可以定义在列级也可以定义在表级上。在一个基本表中只能定义一个 PRIMARY KEY 约束，但可定义多个 UNIQUE 约束；对于指定为 PRIMARY KEY 的一个列或多个列的组合，其中任何一个列都不能出现空值，而对于 UNIQUE 所约束的唯一键，则允许为空。不能为同一个列或一组列既定义 UNIQUE 约束，又定义 PRIMARY KEY 约束。

　　在 SQL 中域的概念用数据类型来实现。定义表的各个属性列时需要指明其数据类型及长度（或精度）。SQL 提供的主要数据类型如表 3-3 所示。要注意，不同的 RDBMS 所支持的数据类型不尽相同。

表 3-3　SQL 数据类型

数 据 类 型	含　　义
CHAR（n）	长度为 n 的定长字符串
VARCHAR（n）	最大长度为 n 的变长字符串
INT	长整数（也可以写作 INTEGER）
SMALLINT	短整数
NUMERIC（p，d）	定点数，由 p 位数字（不包括符号、小数点）组成，小数后面有 d 位数字
REAL	取决于机器精度的浮点数
DOUBLE　PRECISION	取决于机器精度的双精度浮点数
FLOAT（n）	浮点数，精度至少为 n 位数字
BOOLEAN	逻辑布尔量（真 TRUE/假 FALSE）
DATE	日期，包含年、月、日，格式为 YYYY-MM-DD
TIME	时间，包含一日的时、分、秒，格式为 HH：MM：SS
CLOB	CHARACTER LARGEOBJECT 用来存放大文本值（如文档）
BLOB	BINARY LARGE OBJECT 用来存放大二进制值（如图像）

　　【例 3-1】　建立一个学生表 Student。其中学号为主码，班级编号为外码，并且要求姓名取值唯一，性别取值只能是"男"或"女"。

```
CREATE TABLE Student(
    学号      CHAR(10)  PRIMARY KEY,
    姓名      CHAR(10)  CONSTRAINT S1 UNIQUE,
    性别      CHAR(2)   CHECK(性别 in('男','女')),
    出生日期   DATE,            --在 SQL Server 环境下应为 DATETIME 类型
    入学成绩   INT,
    党员否    BOOLEAN,         --在 SQL Server 环境下应为 BIT 类型
    班级编号   CHAR(6)  FOREIGN KEY REFERENCES Class(Sno),--如 Class
                                         表未建立,此句先省略
    简历      CLOB,            --在 SQL Server 环境下应为 TEXT 类型
```

49

照片　　　BLOB)；　　　　　　　　　　　　--在 SQL Server 环境下应为 IMAGE 类型

【例3-2】　建立一个选课表 Score，其中（学号，课程编号）为主码，学号和课程编号分别为外码。

```
CREATE TABLE Score(
    学号      CHAR(10),
    课程编号   CHAR(8),
    成绩      SMALLINT,
    学期      CHAR(9),
    PRIMARY  KEY(学号,课程编号),
    FOREIGN KEY(学号)  REFERENCES  Student(学号),
    FOREIGN KEY(课程编号)  REFERENCES  Course(课程编号),
    CHECK(成绩 > =0 and 成绩 < =100));
```

2. 修改基本表

随着应用环境和应用需求的变化，有时需要修改已建立好的基本表，SQL 用 ALTER TABLE 语句修改基本表，其一般格式为：

```
ALTER TABLE <表名>
[ADD  COLUMN  <新列名>  <数据类型>[完整性约束]]
[DROP  COLUMN  <列名>]
[DROP  CONSTRAINT  <完整性约束名>]
[ALTER  COLUMN  <列名>  <数据类型>];
```

其中 <表名> 是要修改的基本表，ADD COLUMN 子句用于增加新列和新的完整性约束条件，DROP COLUMN 子句用于删除指定的列，DROP CONSTRAINT 子句用于删除指定的完整性约束条件，ALTER COLUMN 子句用于修改原有的列定义，包括列名和数据类型。

【例3-3】　向 Student 表增加"入学时间"列，其数据类型为日期型。

```
ALTER TABLE Student ADD 入学时间 DATE;
```

注意，不论基本表中原来是否已有数据，新增加的列一律被赋予一个空值(NULL)．

【例3-4】　删除 Student 表中的"入学时间"列。

```
ALTER TABLE Student DROP COLUMN 入学时间;
```

【例3-5】　删除 Student 表中姓名必须取唯一值的约束。

```
ALTER TABLE Student DROP CONSTRAINT S1;
```

【例3-6】　将 Score 表"成绩"的数据类型改为长整数。

```
ALTER TABLE Score ALTER COLUMN 成绩 INT;
```

注意，修改原有的列定义有可能会破坏已有数据。

3. 删除基本表

当某个基本表不再需要时，可以使用 DROP TABLE 语句删除它，其一般格式如下：

```
DROP TABLE <表名> [RESTRICT| CASCADE];
```

其中，若选择 RESTRICT 选项，表示有条件删除，即欲删除的基本表不能被其他表的约束所引用（如 CHECK、FOREIGN KEY 等约束），不能有基于此表的视图、触发器、存储过程或函数等。如果存在着这些依赖表的对象，则此表不能被删除。若选择 CASCADE，则该表的删除没有限制条件，在删除基本表的同时，相关的依赖对象（例如视图等）都将被一起删除。默认情况是 RESTRICT 选项。

【例 3-7】　删除 Score 表。

```
DROP TABLE Score CASCADE;
```

3. 2. 2　索引的建立与删除

索引是加快查询速度的有效手段，用户可以根据应用环境的需要，在基本表上建立一个或多个索引，以提供多种存取路径，加快查询速度。

一般来说，建立与删除索引由数据库管理员（DBA）或表的属主（OWNER）（即建立表的人负责）完成。系统在存取数据时会自动选择合适的索引作为存取路径，用户不必显式地选择索引。

1. 建立索引

建立索引的语句格式如下：

CREATE［UNIQUE］［CLUSTER］INDEX＜索引名＞ON＜表名＞（＜列名＞［＜次序＞］［，＜列名＞［＜次序＞］］…）；

其中，＜表名＞是指要建索引的基本表的名字。索引可以建立在该表的一列或多列上，各列名之间用逗号分隔。每个＜列名＞之后还可以用＜次序＞指定索引值的排列次序，可选 ASC（升序）或 DESC（降序），默认值为 ASC。

UNIQUE 选项表示要建立唯一索引，此索引的每一个索引值只对应唯一的数据记录。

CLUSTER 选项表示要建立的索引是聚簇索引。所谓聚簇索引是指索引项的顺序和表中记录的物理顺序一致的索引组织。

没有 UNIQUE 和 CLUSTER 选项时表示要建立非唯一索引，即普通索引。

【例 3-8】　为学生成绩数据库中的 Student、Course 表建立索引。其中 Student 表按姓名升序建立普通索引，Course 表按课程名升序建立唯一索引。

```
CREATE INDEX   St_Id_name ON Student(姓名);
CREATE UNIQUE INDEX Co_Id_name ON Course(课程名称);
```

注意：

● 对于已含有重复值的属性列不能建立 UNIQUE 索引。

● 对某个列建立 UNIQUE 索引后，插入新记录时 DBMS 会自动检查新记录在该列上是否取了重复值。这相当于增加了一个 UNIQUE 约束。

● 在一个基本表上最多只能建立一个聚簇索引。可以在最经常查询的列上建立聚簇索引以提高查询效率。而对于经常更新的列则不宜建立聚簇索引。

2. 删除索引

索引一经建立，就由系统使用和维护它，不须用户干预。建立索引是为了减少查询操作的时间，但如果数据增删改频繁，系统就会花费许多时间来维护索引，从而降低了查询效率。因此，有时需要删除一些不必要的索引以提高系统效率。删除索引时，系统会从数据字典中删去有关该索引的描述。

删除索引使用 DROP INDEX 语句，其一般格式如下：

DROP INDEX <索引名>；

【例3-9】 删除 Student 表的 St_Id_name 索引。

DROP INDEX St_Id_name;

3.3 数据查询

SQL 提供了 SELECT 语句进行数据的查询，该语句具有灵活的使用方式和丰富的功能。其一般格式为：

SELECT [ALL | DISTINCT] <目标列表达式> [，<目标列表达式>]…

FROM <表名或视图名> [，<表名或视图名>]…

[WHERE <条件表达式>]

[GROUP BY <列名1> [HAVING <条件表达式>]]

[ORDER BY <列名2> [ASC | DESC]]；

其中：

● SELECT 子句：指定要显示的属性列，实现关系代数中的投影操作。

● FROM 子句：指定查询对象（基本表或视图），当指定多个查询对象时，实现连接操作。

● WHERE 子句：指定查询条件，实现关系代数的选择操作。

● GROUP BY 子句：对查询结果按指定列的值分组，该属性列值相等的元组为一个组。通常会在每组中作用集函数。

● HAVING 短语：筛选出只满足指定条件的组。

● ORDER BY 子句：对查询结果表按指定列值的升序（ASC）或降序（DESC）排序。

● SELECT…FROM…是最基本的查询语句（必选）。

整个语句的含义是根据 WHERE 子句的条件表达式，从 FROM 子句指定的基本表或视图中找出满足条件的元组，再按 SELECT 子句中的目标列表达式选出元组中的属性值形成结果表。如果有 GROUP BY 子句，则将结果按 <列名1> 的值进行分组，该属性列值相等的元组为一个组，每个组产生结果表中的一条记录。如果 GROUP BY 子句带有 HAVING 短语，则只有满足指定条件的组才予以输出。如果有 ORDER BY 子句，则结果表还要按 <列2> 的值升序或降序排序。

SELECT 语句既可以完成简单的单表查询，也可以完成复杂的连接查询和嵌套查询。下面以学生成绩数据库为例说明该语句的各种用法。

3.3.1 单表查询

单表查询是指仅涉及一个表的查询，是一种最简单的查询操作。

1. 选择表中的若干列

（1）查询指定列

在很多情况下，用户只对表中的一部分属性列感兴趣，这时可以在 SELECT 子句的 < 目标列表达式 > 中指定要查询的属性列。

【例 3-10】 查询全体学生的姓名与性别。

```
SELECT 姓名,性别
FROM   Student;
```

【例 3-11】 查询全体学生的姓名、学号和入学成绩。

```
SELECT 姓名,学号,入学成绩
FROM   Student;
```

由 < 目标列表达式 > 指定的查询结果列的排列顺序可以与表中的顺序不一致。用户可以根据应用需要改变列的显示顺序。例 3-11 中先列出姓名，再列出学号和入学成绩。

（2）查询全部列

将表中的所有属性列都选出来，可以用两种方法：一种是在 SELECT 关键字后面列出所有列名；如果列的显示顺序与其在基表中的顺序一致，可以用 * 表示查询表的所有列。

【例 3-12】 查询所有班级的详细记录。

```
SELECT *
FROM Class;
```

等价于：

```
SELECT 班级编号,班级名称,所属专业,班级人数
FROM Class;
```

（3）查询经过计算的值

SELECT 子句中的 < 目标列表达式 > 不仅可以是表中的属性名，也可以是任何合法的表达式（常量，函数，算术表达式等），即可以将查询出来的属性列经过一定的计算后再列出结果。

【例 3-13】 查询全体学生的姓名、年龄和入学成绩。

```
SELECT 姓名,year(getdate())-year(出生日期),入学成绩
FROM Student;
```

查询结果中的第二列不是列名而是一个表达式，是用当时的年份（假设为 2011 年）减去学生出生的年份，计算出学生的年龄。其中函数 YEAR( ) 返回年份。其输出结果为

姓名	无列名	入学成绩
张楚	20	545
田亮	21	516
方健	20	526
薛小飞	21	530
曹百慧	19	550
张婷	20	517

李超伦	22	500
程超楠	19	555
李洋	21	515
连雪飞	20	544

在 SQL 中，对于查询结果表中出现的任何属性列，均可通过指定别名的方式对其重命名，来改变查询结果的列标题。

具体格式为：＜目标列表达式＞AS＜别名＞

例如，【例 3-13】可以改写为

```
SELECT 姓名,year(getdate())-year(出生日期)AS 年龄,入学成绩
FROM Student;
```

其输出结果为：

姓名	年龄	入学成绩
--------	-------------	---------------------------
张楚	20	545
田亮	21	516
方健	20	526
…	…	…

2. 选择表中的若干元组

（1）消除取值重复的行

两个本来并不完全相同的元组，投影到指定的某些列上以后，就可能变成相同的行了。在 SELECT 子句中选择使用 DISTINCT 短语去掉结果表中的重复行，若不指定 DISTINCT 短语，则保留结果表中的重复行（默认为 ALL 短语）。

【例 3-14】 查询选修了课程的学生学号。

```
SELECT DISTINCT 学号
FROM Score;
```

其输出结果为

```
  学号
------------
2008094001
2008094002
2008094003
2008094004
2008094005
```

而命令：

```
SELECT 学号 FROM Score;
```

等价于：

```
SELECT ALL 学号 FROM Score;
```

（2）查询满足条件的元组

查询满足条件的元组，即选择操作，可以通过 WHERE 子句实现。常用的查询条件见

表3-4。

表 3-4 常用的查询条件

查 询 条 件	谓 词
比较	=、>、>=、<、<=、!=、◇、!>、!<；NOT+上述比较运算符
确定范围	BETWEEN... AND；NOT BETWEEN... AND
确定集合	IN；NOT IN
字符匹配	LIKE；NOT LIKE
空值	IS NULL；IS NOT NULL
多重条件	AND、OR、NOT

下面是对常用查询条件的说明：

1）比较大小。在 WHERE 子句的 <条件表达式> 中使用表3-4 中的比较运算符：=（等于），>（大于），<（小于），>=（大于等于），<=（小于等于），!=或◇（不等于），!>（不大于），!<（不小于）。

【例 3-15】 查询入学成绩低于 510 分的学生的学号。

SELECT 学号

FROM Student

WHERE 入学成绩 <510;

或：

SELECT 学号

FROM Student

WHERE NOT 成绩 >=510;

2）确定范围。使用谓词 BETWEEN... AND... 和 NOT BETWEEN... AND... 可以用来查找属性值在（或不在）指定范围内的元组，其中 BETWEEN 后是范围的下限（即最低值），AND 后是范围的上限（即最高值）。

【例 3-16】 查询学时在 40~50 之间的课程信息。

SELECT *

FROM Course

WHERE 学时 BETWEEN 40 AND 50;

【例 3-17】 查询出生日期不在 1990 年 1 月 1 日至 1991 年 1 月 1 日之间的学生姓名、性别和出生日期。

SELECT 姓名,性别,出生日期

FROM Student

WHERE 出生日期 NOT BETWEEN'1990-01-01'AND'1991-01-01';

3）确定集合。使用谓词 IN(<值表>) 和 NOT IN(<值表>) 查找属性值属于（或不属于）指定集合的元组。其中 <值表> 是用逗号分隔的一组离散值。

【例3-18】 查询200801、200802和200803班学生的学号和姓名。

SELECT 学号,姓名

FROM Student

WHERE 班级编号 IN('200801','200802','200803');

【例3-19】 查询既不是200801班也不是200802班的学生的姓名和性别。

SELECT 姓名,性别

FROM Student

WHERE 班级编号 NOT IN('200801','200802');

4）字符串匹配。使用谓词［NOT］LIKE'＜匹配串＞'［ESCAPE'＜换码字符＞'］可以实现模糊查询。其中＜匹配串＞指固定字符串或含通配符的字符串，当＜匹配串＞为固定字符串时，可以用＝运算符取代LIKE谓词；用！＝或◇运算符取代NOT LIKE谓词。

通配符有两种：

● %（百分号）：代表任意长度（长度可以为0）的字符串。例如，'a%b'表示以a开头，以b结尾的任意长度的字符串，则'acb'，'addgb'，'ab'等都满足该匹配串。

● _（下横线）：代表任意单个字符。例如，'a_b'表示以a开头，以b结尾的长度为3的任意字符串，如'acb'，'afb'等都满足该匹配串。

当用户要查询的字符串本身就含有通配符%或_时，要使用ESCAPE'＜换码字符＞'短语对通配符进行转义。例如：

● LIKE 'DB \ _Design' ESCAPE '\'中，通配符_被换码字符\转义为普通字符，满足条件的字符串为'DB_Design'。

【例3-20】 查询所有姓李的学生姓名、学号和性别。

SELECT 姓名,学号,性别

FROM Student

WHERE 姓名 LIKE'李%';

【例3-21】 查询姓"李"且全名为两个汉字的学生的姓名。

SELECT 姓名

FROM Student

WHERE 姓名 LIKE'李__';

注意：一个汉字要占两个字符的位置，所以匹配串李后面需要跟两个_。

【例3-22】 查询名字中第2个字为"超"字的学生的姓名和学号。

SELECT 姓名,学号

FROM Student

WHERE 姓名 LIKE'__超%';

【例3-23】 查询所有不姓张的学生姓名。

SELECT 姓名

FROM Student

WHERE 姓名 NOT LIKE'张%';

【例3-24】 查询名为 DB_ Design 课程的课程编号和学分。

SELECT 课程编号,学分

FROM Course

WHERE 课程名 LIKE 'DB_Design' ESCAPE'\';

【例3-25】 查询以"DB_ "开头，且倒数第3个字符为 i 的课程的详细情况。

SELECT *

FROM Course

WHERE 课程名 LIKE 'DB_% i__' ESCAPE'\';

5）涉及空值的查询。SQL 允许使用 NULL 值表示关于某属性值的信息缺失。使用谓词 IS NULL 或 IS NOT NULL 来判断属性值为空或非空。注意，IS NULL 不能用"=NULL"代替。

如果算术运算的输入有一个是空值，则该算术表达式（例如，包括 +、-、*、/）的结果是空；如果有空值参与比较运算，SQL 将比较运算的结果看成是 UNKNOWN（既不是 IS NULL，也不是 IS NOT NULL）。UNKNOWN 是 SQL：1999 中引入的新的布尔（Boolean）类型的数据，有 unknown 值参与的逻辑运算结果见表 3-5。

表 3-5 unknown 逻辑运算

结果值 表达式	A = true	A = false	A = unknown
unknown AND A	unknown	false	unknown
unknown OR A	true	unknown	unknown
NOT A	false	true	unknown

因此，在 WHERE 子句的 < 条件表达式 > 可以使用 and、or、not 等逻辑运算符处理 unknown 值，如果某元组使 < 条件表达式 > 的值为 false 或 unknown，那么该元组就不会添加到查询结果中去。

【例3-26】 某些学生选修课程后没有参加考试，所以有选课记录，但没有考试成绩（为 null）。查询缺少成绩的学生的学号和相应的课程编号。

SELECT 学号,课程编号

FROM Score

WHERE 成绩 IS NULL;

注意：这里的"IS"不能用等号（=）代替。

【例3-27】 查询 2008～2009 第二学期（200820092）所有选修成绩不及格的学生学号、课程编号及成绩。

SELECT 学号,课程编号,成绩

FROM Score

WHERE 成绩 < 60 AND 学期 = '200820092';

注意：当某学生成绩为 null 时，则表达式"成绩 < 60 AND 学期 = '200820092'"的运算结果为 unknown，所以该生未被列入查询结果中。

6）多重条件查询。用逻辑运算符 AND 和 OR 来连接多个查询条件（AND 的优先级高于 OR，可以用括号改变优先级）；可用来实现多种其他谓词查询功能（如：［NOT］IN，［NOT］BETWEEN…AND…）。

【例 3-28】 查询 200802 班女学生名单。

SELECT 姓名

FROM Student

WHERE 班级编号 = '200802'AND 性别 = '女'；

改写【例 3-16】查询学时在 40 ~ 50 之间的课程信息。

SELECT *

FROM Course

WHERE 学时 > = 40 AND 学时 < = 50；

3. 对查询结果排序

可以使用 ORDER BY 子句对查询结果按一个或多个属性列的升序（ASC）或降序（DESC）排序，默认为升序。

当有多个排序列时，则先按第一列排序；当第一列值相同时，再按第二列排序，以此类推。

【例 3-29】 查询 2008094001 号学生选修课程的课程编号及其成绩，查询结果按成绩降序排列。

SELECT 课程编号,成绩

FROM Score

WHERE 学号 = '2008094001'

ORDER BY 成绩 DESC；

【例 3-30】 查询全体学生情况，查询结果按所在班级编号升序排列，同班中的学生按入学成绩降序排列。

SELECT *

FROM Student

ORDER BY 班级编号,入学成绩 DESC；

4. 使用聚集函数

为了方便数据统计，增强查询功能，SQL 提供了五类主要聚集函数，其格式与功能见表 3-6。

表 3-6　聚集函数的格式与功能

聚 集 函 数	功　能
COUNT（*）	统计元组个数
COUNT（［DISTINCT｜ALL］<列名>）	统计一列中值的个数
SUM（［DISTINCT｜ALL］<列名>）	计算一列值的总和（该列必须是数值型）
AVG（［DISTINCT｜ALL］<列名>）	计算一列值的平均值（该列必须是数值型）
MAX（［DISTINCT｜ALL］<列名>）	求一列值中的最大值（该列可为数值型、日期型、字符型）
MIN（［DISTINCT｜ALL］<列名>）	求一列值中的最小值（该列可为数值型、日期型、字符型）

这些聚集函数可以用在 SELECT 子句或 HAVING 子句中。如果指定 DISTINCT 短语，则表示在计算时要取消指定列中的重复值；如果不指定 DISTINCT 短语或 ALL 短语，则表示不取消重复值，ALL 为默认值。

另外，聚集函数根据以下原则处理空值：除了 COUNT（＊）外所有的聚集函数都忽略输入集合中的空值。空值被忽略有可能造成参加函数运算的输入集合为空集。规定空集的 COUNT 运算值为 0，其他所有聚集函数在输入为空集的情况下返回一个空值。

【例 3-31】　查询课程总门数。

```
SELECT COUNT(＊)as 总门数
FROM  Course;
```

【例 3-32】　查询选修了课程的学生人数。

```
SELECT COUNT(DISTINCT 学号)as 选课人数
FROM Score;
```

注：用 DISTINCT 以避免重复计算学生人数

【例 3-33】　计算 200801 班的学生入学成绩平均分及最高分、最低分。

```
SELECT AVG(入学成绩)as 平均分,MAX(入学成绩)as 最高分,MIN(入学成绩)as 最低分
FROM Student
WHERE 班级编号 ='200801';
```

5. 对查询结果分组

有时我们不仅希望将聚集函数作用在单个元组集上，而且也希望将其作用在一组元组集上。在 SQL 中可用 GROUP BY 子句实现这个愿望。GROUP BY 子句中的一个或多个属性是用来构造分组的，在 GROUP BY 子句中的所有属性上具有相同值的元组将被分到一个组中。如果未对查询结果分组，聚集函数将作用于整个查询结果（单个元组）；如果使用 GROUP BY 子句对查询结果分组后，聚集函数将分别作用于每个组。

【例 3-34】　求各个课程编号及相应的选课人数。

```
SELECT 课程编号,COUNT(学号)as 选课人数
FROM Score
GROUP BY 课程编号;
```

其查询结果为：

课程编号	选课人数
04010101	5
04010102	3
04010103	2
04010104	1

注意：使用 GROUP BY 子句后，SELECT 子句的属性名列表中只能出现分组属性和聚集函数。

有时候，对分组限定条件比对元组限定条件更有用。我们使用 HAVING 子句对分组进

行筛选，只有满足 HAVING 子句指定条件的分组才会输出。

【例 3-35】 查询选修了三门以上课程的学生学号。

SELECT 学号

FROM Score

GROUP BY 学号 HAVING COUNT(*)>3;

这里先用 GROUP BY 子句按学号进行分组。再用聚集函数 COUNT 对每一组计数。HAVING 短语给出了选择组的条件，只有满足条件（即元组个数 >3，表示此学生选修的课超过 3 门）的组才会被选出来。

【例 3-36】 查询有两门（含两门）以上课程是 80 分（含 80 分）以上的学生的学号及课程门数。

SELECT 学号,count(*)AS 课程门数

FROM Score

WHERE 成绩 > =80

GROUP BY 学号 HAVING COUNT(*) > =2;

其查询结果为：

学号　　　　课程门数

----------　---------

2008094001 2

2008094002 2

WHERE 子句与 HAVING 短语的区别在于作用对象不同。WHERE 子句作用于基本表或视图，从中选择满足条件的元组。HAVING 短语作用于组，从中选择满足条件的组。

如果在同一个查询语句中同时存在 WHERE 子句和 HAVING 子句，那么 SQL 首先应有 WHERE 子句中的条件，满足条件的元组通过 GROUP BY 子句形成分组。HAVING 子句若存在，就将作用于每一个分组，不符合条件的分组将被抛弃，剩余的组被 SELECT 子句用来产生查询结果元组。

3.3.2　连接查询

若一个查询同时涉及两个以上的表，则称之为连接查询。用来连接两个表的条件称为连接条件或连接谓词。通过连接操作查询出存放在多个表中的不同实体的信息。连接操作给用户带来很大的灵活性。

连接可以在 SELECT 语句的 FROM 子句或 WHERE 子句中建立，而在 FROM 子句中指出连接时有助于将连接操作与 WHERE 子句中的搜索条件区分开来。所以，在此主要介绍使用这种方法。

SQL-92 标准所定义的 FROM 子句的连接语法格式为：

FROM join_table join_type join_table［ON（join_condition）］

其中 join_table 指出参与连接操作的表名，可以用 AS 指定表别名。连接可以对同一个表操作，也可以对多表操作，对同一个表操作的连接又称为自身连接。

join_type 指出连接类型，可分为三种：内连接、外连接和交叉连接。

内连接（INNER JOIN 或 JOIN）使用比较运算符进行表间某（些）列数据的比较操作，并列出这些表中与连接条件相匹配的数据行。根据所使用的比较方式不同，内连接又分为等值连接、自然连接和不等连接三种。

外连接分为左外连接（LEFT OUTER JOIN 或 LEFT JOIN）、右外连接（RIGHT OUTER JOIN 或 RIGHT JOIN）和全外连接（FULL OUTER JOIN 或 FULL JOIN）三种。与内连接不同的是，外连接不仅列出与连接条件相匹配的行，同时列出左表（左外连接时）、右表（右外连接时）或两个表（全外连接时）中所有符合搜索条件的数据行。

交叉连接（CROSS JOIN）等价于没有连接条件的内连接，它返回连接表中所有数据行的笛卡儿积。

连接操作中的 ON(join_condition) 子句指出连接条件，它由被连接表中的列和比较运算符、逻辑运算符等构成。连接条件中的列名称为连接字段。连接条件中的各连接字段类型必须是可比的，但不必是相同的。

1. 内连接

内连接查询操作列出与连接条件匹配的元组，它使用比较运算符比较连接字段的值。内连接分三种：

（1）等值连接

在连接条件中使用等于号(=)运算符比较连接字段的值，其查询结果中列出被连接表中的所有列，包括其中的重复列。

【例 3-37】 查询每个学生及其选修课程的情况。

学生情况存放在 STUDENT 表中，学生选课情况存放在 SCORE 表中，所以该查询涉及两个表，这两个表之间的联系是通过公共属性"学号"实现的。

```
SELECT  s. * ,sc. *
FROM Student AS s JOIN Score AS sc ON s. 学号 = sc. 学号;
```

或：

```
SELECT s. * ,sc. *
FROM Student AS s,Score AS sc
WHERE s. 学号 = sc. 学号;
```

注意：任何子句中引用两个表中同名属性时，都必须加表名前缀，这是为了避免混淆。引用唯一属性名时可以加也可以省略表名前缀。

（2）自然连接

在连接条件中使用等于(=)运算符比较连接字段的值，但它使用选择列表指出查询结果集合中所包括的列，并删除连接表中的重复列。即在等值连接中把目标列中的重复属性列去掉。

【例 3-38】 对【例 3-37】用自然连接完成。

```
SELECT s. 学号,姓名,性别,出生日期,课程编号,成绩,学期
FROM Student AS s JOIN Score AS sc ON s. 学号 = sc. 学号;
```

其查询结果为：

学号	姓名	性别	出生日期	课程编号	成绩	学期

```
----------  ----------       -----  ----------     ----------  --------  ---------
```

2008094001	张楚	男	1991-01-15	04010101	92	200820091
2008094001	张楚	男	1991-01-15	04010102	84	200820092
2008094001	张楚	男	1991-01-15	04010103	54	200820092
2008094001	张楚	男	1991-01-15	04010104	NULL	200820092
2008094002	田亮	女	1990-10-12	04010101	86	200820092
2008094002	田亮	女	1990-10-12	04010102	90	200820092
2008094002	田亮	女	1990-10-12	04010103	67	200820092
2008094003	方健	男	1991-05-21	04010101	74	200820091
2008094003	方健	男	1991-05-21	04010102	45	200820092
2008094004	薛小飞	男	1990-04-28	04010101	72	200820091
2008094005	曹百慧	女	1992-06-26	04010101	56	200820091

连接操作不仅可以在两个表之间进行，也可以是一个表与其自己进行连接，称为表的自身连接。需要给表起别名以示区别，由于所有属性名都是同名属性，因此必须使用别名前缀。

【例 3-39】 查询每一门课的间接先修课（即先修课的先修课）。

在 COURSE 中，只有每门课的直接先修课信息，而没有先修课的先修课。要得到这个信息，必须先对一门课找到其先修课，再按此先修课的课程编号，查找它的先修课，即可得到间接先修课。为此，要将 COURSE 表与其自身连接，并为其取两个别名，一个为FIRST，另一个为 SECOND。可以将 FIRST 和 SECOND 看做是 COURSE 表的两个不同的副本。进行连接查询的 SQL 语句为：

```
SELECT FIRST.课程编号,SECOND.先修课
FROM Course AS FIRST JOIN Course AS SECOND
    ON FIRST.先修课 = SECOND.课程编号;
```

其查询结果为：

```
课程编号  先修课
--------  --------
04010101  04010102
04010103  NULL
04010104  04010103
```

（3）不等连接

在连接条件使用除等于（ = ）运算符以外的其他比较运算符比较连接字段的值。这些运算符包括 >、> = 、< = 、<、! >、! < 和◇。

2. 外连接

内连接时，返回查询结果集合中的仅是符合查询条件（ WHERE 搜索条件或 HAVING 条件）和连接条件的元组。而采用外连接时，它返回到查询结果集合中的不仅包含符合连接条件的行，而且还包括左表（左外连接时）、右表（右外连接时）或两个连接表（全外连接）中的所有元组。

【例3-40】 查询所有学生的选修课程的情况（包括未选修课程的学生信息）。

本例既可以用左外连接实现，也可以用右外连接实现。关键是看主体表（STUDENT）放在关键字 JOIN 的哪一边。

● 使用左外连接实现

SELECT s. 学号,姓名,性别,课程编号,成绩

FROM Student AS s LEFT JOIN Score AS sc ON s. 学号＝sc. 学号；

其查询结果为：

学号	姓名	性别	课程编号	成绩
2008094001	张楚	男	04010101	92
2008094001	张楚	男	04010102	84
2008094001	张楚	男	04010103	54
2008094001	张楚	男	04010104	NULL
2008094002	田亮	女	04010101	86
2008094002	田亮	女	04010102	90
2008094002	田亮	女	04010103	67
2008094003	方健	男	04010101	74
2008094003	方健	男	04010102	45
2008094004	薛小飞	男	04010101	72
2008094005	曹百慧	女	04010101	56
2008094006	张婷	女	NULL	NULL
2008094007	李超伦	男	NULL	NULL
2008094008	程超楠	女	NULL	NULL
2008094009	李洋	男	NULL	NULL
2008094010	连雪飞	男	NULL	NULL

● 使用右外连接实现

SELECT s. 学号,姓名,性别,课程编号,成绩

FROM Score AS sc RIGHT JOIN Student AS s ON s. 学号＝sc. 学号；

查询结果与左外连接相同。由此可见，左外连接列出左边关系（本例为STUDENT）中所有的元组；右外连接则是列出右边关系（本例为 STUDENT）中所有的元组。

3. 交叉连接

交叉连接是不带连接谓词的连接。它返回被连接的两个表的广义笛卡儿积，很少使用。

例如，Student 表中有 10 行，而 Score 表中有 11 行，则下列交叉连接检索到的记录数将等于 10 × 11 ＝110 行。

SELECT Student. * ,Score. *

FROM Student,Score；

或：

SELECT Student. ＊,Score. ＊

FROM Student CROSS JOIN Score;

4. 多表连接

连接操作除了可以是两表连接、一个表与其自身连接外，还可以是两个以上的表进行连接，后者通常称为多表连接。

【例 3-41】 查询每个学生的学号、姓名、选修的课程名称及成绩。

SELECT Student. 学号,姓名,课程名称,成绩

FROM Student JOIN Score ON Student. 学号 = Score. 学号

           JOIN Course ON Score. 课程编号 = Course. 课程编号;

【例 3-42】 查询选修"数据库系统及应用"课程且成绩在 80 分以上的学生的学号、姓名及成绩。

SELECT Student. 学号,姓名,成绩

FROM Student JOIN Score ON Student. 学号 = Score. 学号

           JOIN Course ON Score. 课程编号 = Course. 课程编号

WHERE 课程名称 = '数据库系统及应用' AND 成绩 >80;

3.3.3 嵌套查询

在 SQL 中，一个 SELECT-FROM-WHERE 语句称为一个查询块。将一个查询块嵌套在另一个查询块的 WHERE 子句或 HAVING 子句的条件中的查询称为嵌套查询。例如：

SELECT 姓名　　　　　　　　　　　　--外层查询或父查询

FROM Student

WHERE 学号 IN (

           SELECT 学号　　　　　　--内层查询或子查询

           FROM Score

           WHERE 课程编号 = '04010101');

本例中，在谓词 IN 后边的查询块（SELECT 学号 FROM Score WHERE 课程编号 = '04010101'）称为子查询（内层查询），而外层查询块称为父查询（外层查询）。

SQL 允许多层嵌套查询。即一个子查询中还可以嵌套其他子查询。需要特别指出的是，子查询中不能使用 ORDER BY 子句，ORDER BY 子句只能对最终结果排序。

嵌套查询使我们可以用多个简单查询构成复杂的查询，从而增强 SQL 的查询能力。以层层嵌套的方式来构造程序正是 SQL "结构化"的含义所在。

1. 带有 IN 谓词的子查询

【例 3-43】 查询与"张婷"在同一班学习的学生。

先分步来完成此查询，然后再构造嵌套查询。

① 确定"张婷"所在班级编号：

```
SELECT 班级编号
FROM Student
WHERE 姓名 ='张婷';
```

其查询结果为

班级编号

- - - - - - - -

200802

② 查找所有在 200802 班学习的学生：

```
SELECT 学号,姓名,班级编号
FROM Student
WHERE 班级编号 ='200802';
```

其查询结果为

学号	姓名	班级编号
2008094006	张婷	200802
2008094007	李超伦	200802
2008094008	程超楠	200802

③ 构造嵌套查询：

将第一步查询嵌入到第二步查询的条件中，构造嵌套查询如下：

```
SELECT 学号,姓名,班级编号
FROM Student
WHERE 班级编号 IN(
                SELECT 班级编号
                FROM Student
                WHERE 姓名 ='张婷');
```

本例中，子查询的查询条件不依赖于父查询，称为不相关子查询。DBMS 的一种求解方法是由里向外处理，即先执行子查询，子查询的结果用于建立父查询的查询条件。得到如下的语句：

```
SELECT 学号,姓名,班级编号
FROM Student
WHERE 班级编号 IN('200802');
```

该查询也可用自身连接完成：

```
SELECT S1.学号,S1.姓名,S1.班级编号
FROM Student AS S1 JOIN Student AS S2 ON S1.班级编号 =S2.班级编号
WHERE S2.姓名 ='张婷';
```

可见，实现同一个查询要求可以有多种方法，当然不同的方法其执行效率可能会有差别，甚至会影响应用程序的实用性。这就是数据库编程人员应该掌握的查询优化技术，有兴趣的读者可以参考有关文献，包括具体 DBMS 的查询优化方法。

【例3-44】 查询选修了课程名称为"统计学"的学生学号和姓名。

SELECT 学号,姓名

FROM Student

WHERE 学号 IN

        (SELECT 学号

      FROM Score

      WHERE 课程编号 IN

        (SELECT 课程编号

        FROM Course

        WHERE 课程名称 = '统计学'));

本查询步骤如下:

① 首先在 Course 关系中找出"统计学"的课程编号,结果为 {04010103}。

② 然后在 Score 关系中找出选修了 04010103 号课程的学生学号集合 X = {2008094001,2008094002}。

③ 最后在 Student 关系中选出学号包含于集合 X 中的学生的学号和姓名。其查询结果为:

学号   姓名

---------- ----------

2008094001 张楚

2008094002 田亮

2. 带有比较运算符的子查询

当能确切知道内层查询返回单个值(标量值)时,可用比较运算符(> , < , = , > = , < = ,! =或◇)连接父查询与子查询。

例如,由于一个学生只能在一个班学习,并且必须属于某一个班,则在【例3-43】中子查询的结果肯定是一个值,所以,可以用 = 代替 IN:

SELECT 学号,姓名,班级编号

FROM Student

WHERE 班级编号 = (SELECT 班级编号

        FROM Student

        WHERE 姓名 = '张婷');

注意,子查询一定要跟在比较符之后,下列写法是错误的:

SELECT 学号,姓名,班级编号

FROM Student

WHERE   (SELECT 班级编号 FROM Student WHERE 姓名 = '张婷') = 班级编号;

【例3-45】 找出每个学生超出他选修课程平均成绩的课程编号。

SELECT s1. 学号,s1. 课程编号

FROM Score AS s1

WHERE 成绩 > (SELECT AVG(成绩)   --求一个学生所有选修课程的平均成绩,

FROM Score AS s2　　　　--至于哪个学生要看参数 s1.学号的值,而

WHERE s2.学号 = s1.学号);-该值是与父查询相关的。

　　本例中,子查询的查询条件依赖于父查询,这类子查询称为相关子查询,整个查询语句称为相关嵌套查询语句。求解相关嵌套查询语句的一种可能执行过程为

　　① 首先取父查询表中的第一个元组,将其学号值(2008094001)传送给内层查询,构成子查询:

SELECT AVG(成绩)

FROM Score AS s2

WHERE s2.学号 = '2008094001';

　　② 执行子查询,得到一个值76,用该值代替子查询,构成父查询:

SELECT s1.学号,s1.课程编号

FROM Score AS s1

WHERE 成绩 > 76;

　　③ 执行父查询,得到元组集合{(2008094001,04010101),(2008094001,04010102)}放入结果表。

　　然后再取父查询表的下一个元组重复上述①至③步骤的处理,直到父查询表的所有元组全部处理完毕。其查询结果为:

学号	课程编号
2008094001	04010101
2008094001	04010102
2008094002	04010101
2008094002	04010102
2008094003	04010101

　　注意:求解相关子查询时,其内层查询由于与外层查询有关,因此必须反复求值。

　　3. 带有 ANY(SOME)或 ALL 谓词的子查询

　　子查询返回单值时可以用比较运算符,但返回多值时要用 ANY(有的系统用 SOME)或 ALL 谓词修饰符。而使用 ANY 或 ALL 谓词时必须同时使用比较运算符,其语义见表3-7。

表3-7　ANY、ALL 谓词与比较运算符结合的语义

谓　词	语　义
> ANY	大于子查询结果中的某个值,即大于最小值
> ALL	大于子查询结果中的所有值,即大于最大值
< ANY	小于子查询结果中的某个值,即小于最大值
< ALL	小于子查询结果中的所有值,即小于最小值
> = ANY	大于等于子查询结果中的某个值

67

（续）

谓　词	语　义
> = ALL	大于等于子查询结果中的所有值
< = ANY	小于等于子查询结果中的某个值
< = ALL	小于等于子查询结果中的所有值
= ANY	等于子查询结果中的某个值
= ALL	等于子查询结果中的所有值（通常没有实际意义）
! = （或◇）ANY	不等于子查询结果中的某个值
! = （或◇）ALL	不等于子查询结果中的任何一个值

【例3-46】 查询其他班中比"财务管理082"班任意一个（其中某一个）学生年龄小的学生姓名和年龄。

```
SELECT  姓名,2011-year(出生日期)AS 年龄      --父查询
FROM Student
WHERE 2011-year(出生日期) < ANY(
        SELECT 2011-year(出生日期)          --子查询
        FROM Student
        WHERE 班级编号 = (
                SELECT 班级编号                --最内层子查询
                FROM Class
                WHERE 班级名称 = '财务管理082'))
            AND 班级编号（< >）(                --注意,这是父查询块中的
条件
                SELECT 班级编号
                FROM Class
                WHERE 班级名称 = '财务管理082');
```

其查询结果为:

姓名	年龄
张楚	20
田亮	21
方健	20
薛小飞	21
曹百慧	19
李洋	21
连雪飞	20

RDBMS 执行此查询时，首先处理最内层子查询，查出"财务管理 082"班的班级编号值为 200802；然后，用该值代替最内层子查询，处理上一层子查询，找出 200802 班中所有学生的年龄，构成一个集合｛20，22，19｝；最后，处理父查询，找出所有不是"财务管理 082"班且年龄小于 22 的学生姓名与年龄。

本查询也可以用聚集函数实现。首先用子查询找出"财务管理 082"班中最大年龄 (22)，然后通过父查询查出所有非"财务管理 082"班且年龄小于 22 的学生。SQL 语句如下：

```
SELECT  姓名,year(getdate())-year(出生日期)AS 年龄
FROM Student
WHERE year(getdate())-year(出生日期) < (
        SELECT MAX(year(getdate())-year(出生日期))
        FROM Student
        WHERE 班级编号 = (
            SELECT 班级编号
            FROM Class
            WHERE 班级名称 ='财务管理 082'))
    AND 班级编号(< >)(
        SELECT 班级编号
        FROM Class
        WHERE 班级名称 ='财务管理 082');
```

【例 3-47】　查询其他班中比"财务管理 082"班所有学生年龄都小的学生的姓名和年龄。

方法一：用 ALL 谓词实现。

```
SELECT  姓名,year(getdate())-year(出生日期)AS 年龄
FROM Student
WHERE year(getdate())-year(出生日期) < ALL(
        SELECT year(getdate())-year(出生日期)
        FROM Student
        WHERE 班级编号 = (
            SELECT 班级编号
            FROM Class
            WHERE 班级名称 ='财务管理 082'))
    AND 班级编号(<>)(
        SELECT 班级编号
        FROM Class
        WHERE 班级名称 ='财务管理 082');
```

方法二：用聚集函数实现。

```
SELECT  姓名,year(getdate())-year(出生日期)AS 年龄
```

```
FROM Student
WHERE year (getdate())-year (出生日期) < (
              SELECT MIN(year (getdate())-year (出生日期))
FROM Student
WHERE 班级编号 = (
      SELECT 班级编号
      FROM Class
      WHERE 班级名称 = '财务管理082'))
AND 班级编号 (<>) (
      SELECT 班级编号
      FROM Class
      WHERE 班级名称 = '财务管理082');
```

事实上，用聚集函数实现子查询通常比直接用 ANY 或 ALL 查询效率要高，因为前者通常能够减少比较次数。ANY、ALL 与聚集函数的对应关系如表3-8所示。

表3-8　ANY、ALL 谓词与聚集函数的对应关系

比较符 谓词	=	<>或！=	<	<=	>	>=
ANY	IN	无意义	< MAX	≤ MAX	> MIN	≥ MIN
ALL	无意义	NOT IN	< MIN	≤ MIN	> MAX	≥ MAX

4. 带有 EXISTS、NOT EXISTS 谓词的子查询

带有 EXISTS 或 NOT EXISTS 谓词的子查询不返回任何数据，只产生逻辑真值 true 或假值 false，所以子查询的目标列表达式通常都用 *，因为给出列名也无实际意义。

使用 EXISTS 谓词时，若子查询结果非空，则父查询的 WHERE 子句返回真值；若子查询结果为空，则返回假值。

使用 NOT EXISTS 谓词时，若子查询结果为空，则父查询的 WHERE 子句返回真值；否则返回假值。

【例3-48】　查询所有选修了04010101号课程的学生的姓名。

（1）思路分析

1）本查询涉及 Student 和 Score 关系。

2）在 Student 中依次取每个元组的学号值（Student. 学号），用此值去检查 Score 关系。

3）若 Score 中存在这样的元组，其学号值（Score. 学号）等于 Student. 学号的值，并且其课程编号 = '04010101'，则取此 Student. 姓名送入结果关系。

（2）用嵌套查询

```
SELECT 姓名
FROM Student
WHERE EXISTS
```

```
    (SELECT *
    FROM Score                    /*相关子查询*/
    WHERE Score.学号 = Student.学号 AND 课程编号 = '04010101');
```

（3）用连接查询

```
SELECT 姓名
FROM Student JOIN Score ON Score.学号 = Student.学号
WHERE 课程编号 = '04010101';
```

【例3-49】 查询没有选修04010101号课程的学生的姓名。

```
SELECT 姓名
FROM Student
WHERE NOT EXISTS
    (SELECT *
    FROM Score                    /*相关子查询*/
    WHERE Score.学号 = Student.学号 AND 课程编号 = '04010101');
```

此例用连接查询难于实现。

一些带 EXISTS 或 NOT EXISTS 谓词的子查询不能被其他形式的子查询等价替换。但所有带 IN 谓词、比较运算符、ANY 和 ALL 谓词的子查询都能用带 EXISTS 谓词的子查询等价替换。例如，带有 IN 谓词的【例3-43】可以用如下带 EXISTS 谓词的子查询替换：

```
SELECT 学号,姓名,班级编号
FROM Student AS S1
WHERE EXISTS(
            SELECT *
            FROM Student AS S2
            WHERE S2.班级编号 = S1.班级编号 AND S2.姓名 = '张婷');
```

【例3-50】 查询选修了全部课程的学生的姓名。

可将此题目的意思转换为：查找这样的学生，没有一门课是他不选修的。其 SQL 语句为：

```
SELECT 姓名
FROM Student
WHERE NOT EXISTS
    (SELECT *
    FROM Course
    WHERE NOT EXISTS
        (SELECT *
        FROM Score
        WHERE 学号 = Student.学号 AND 课程编号 = Course.课程编号));
```

3.3.4 集合查询

SELECT 语句的查询结果是元组的集合，所以多个 SELECT 语句的结果可进行集合操作。集合操作主要包括并操作（UNION）、交操作（INTERSECT）和差操作（EXCEPT）。需要注意的是：参加集合操作的各查询结果表的列数必须相同，并且对应列的数据类型也必须相同。

【例 3-51】 查询选修了课程 04010101 或者选修了课程 04010102 的学生。

本查询实际上是求选修课程 04010101 的学生集合与选修课程 04010102 的学生集合的并集。使用 UNION 将多个查询结果合并起来时，系统会自动去掉重复元组。如果要保留重复元组，则需用 UNION ALL 操作符。

```
SELECT 学号
FROM Score
WHERE 课程编号 ='04010101'
UNION
SELECT 学号
FROM Score
WHERE 课程编号 ='04010102';
```

【例 3-52】 查询既选修了课程 04010101 又选修了课程 04010102 的学生。

本例实际上是查询选修了课程 04010101 的学生集合与选修了课程 04010102 的学生集合的交集。

```
SELECT 学号
FROM Score
WHERE 课程编号 ='04010101'
INTERSECT
SELECT 学号
FROM Score
WHERE 课程编号 ='04010102';
```

本例也可以表示为：

```
SELECT 学号
FROM Score
WHERE 课程编号 ='04010101'AND 学号 in
                        (SELECT 学号
                         FROM Score
                         WHERE 课程编号 ='04010102');
```

【例 3-53】 查询未被学生选修的课程编号。

本例实际上是查询课程编号的集合与已被选修的课程编号的差集。

```
SELECT 课程编号
FROM Course
```

```
EXCEPT
SELECT DISTINCT 课程编号
FROM Score；
```

3.4　数据更新

数据更新操作有三种：向表中添加若干行数据、修改表中的数据和删除表中的若干行数据。SQL 提供了相应的插入（INSERT）、修改（UPDATE）和删除（DELETE）三类语句。

3.4.1　插入数据

插入语句 INSERT 通常有两种形式：一种是插入单个元组，另一种是插入子查询结果。后者可以一次插入多个元组。

1. 插入单个元组

语句格式为

INSERT INTO ＜表名＞［（＜属性列 1＞［，＜属性列 2＞…）］

　　VALUES（＜常量 1＞［，＜常量 2＞］…）；

其功能是将新元组插入指定表中。其中新元组的＜属性列 1＞的值为＜常量 1＞，＜属性列 2＞的值为＜常量 2＞，以此类推。INTO 子句中没有出现的属性列，新元组在这些列上将取空值（NULL）。必须注意的是，在表定义时指定了 NOT NULL 约束的属性列不能取空值，否则会出错。如果 INTO 子句中没有指定任何属性列名，则要求 VALUES 子句提供的常量值的顺序、个数、数据类型应该与待插入数据表的属性列的顺序、个数、数据类型完全一致。

【例 3-54】　将一个新课程记录（课程编号：04010105；课程名称：信息检索；学时：40；学分：3）插入到 Course 表中。

INSERT INTO Course(课程编号,课程名称,学时,学分)

VALUES('04010105','信息检索',40,3)；

或：

INSERT INTO Course

VALUES('04010105','信息检索',NULL,NULL,40,3)；

／＊先修课、考核方式均为 NULL ＊／

【例 3-55】　插入一条选课记录（'04010105','2008094002'）。

INSERT INTO Score(课程编号,学号)

VALUES('04010105','2008094002')；

或：

INSERT INTO Score

VALUES('2008094002','04010105',NULL,NULL)；

注意，属性列的顺序可与表定义中的顺序不一致，此时一定要在 INTO 子句中指定属性列名。VALUES 子句对新元组的各属性赋值，字符串常数要用单引号（英文符号）括起来。

2. 插入子查询结果

语句格式为：

INSERT INTO < 表名 > [(< 属性列 1 > [, < 属性列 2 > …)]

< 子查询 > ；

其功能是将子查询结果插入指定表中。同样，这一语句要求子查询结果列与 INTO 子句的属性列名匹配。

【例 3-56】 对每一个班，求学生的平均入学成绩，并把结果存入数据库中。

首先在数据库中建立一个新表（Avg_score），其中一列存放班级编号，另一列存放平均入学成绩。

```
CREATE TABLE Avg_score(
        班级编号 CHAR(6),
        平均入学成绩 INT);
```

然后对 Student 表按班分组求平均入学成绩，再把平均入学成绩插入新表中。

```
INSERT INTO Avg_score(班级编号,平均入学成绩)
SELECT 班级编号,AVG(入学成绩)
FROM Student
GROUP BY 班级编号;
```

3.4.2　修改数据

修改又称为更新，其语句格式如下：

UPDATE < 表名 >

SET < 列名 > = < 表达式 > [, < 列名 > = < 表达式 >] …

[WHERE < 条件 >] ；

其功能是修改指定表中满足 WHERE 子句条件的元组。其中 SET 子句给出 < 表达式 > 的值用于取代相应的属性列值。默认 WHERE 子句表示要修改表中的所有元组。

1. 修改某一个元组的值

【例 3-57】 将学生 2008094010 的出生日期改为 1992 年 10 月 10 日。

UPDATE Student

SET 出生日期 = '1992-10-10'

WHERE 学号 = '2008094010';

2. 修改多个元组的值

【例 3-58】 将所有女学生的入学成绩增加 5 分。

UPDATE Student

SET 入学成绩 = 入学成绩 + 5

WHERE 性别 = '女';

3. 带子查询的修改语句

子查询也可以嵌套在更新语句的 WHERE 子句中，用以构造修改的条件。

【例 3-59】 将 200802 班全体学生的选修课程成绩增加 10 分。

```
UPDATE Score
SET 成绩 = 成绩 +10
WHERE'200802' = (SELECT 班级编号
                 FROM Student
                 WHERE Student. 学号 = Score. 学号);
```

3.4.3 删除数据

删除语句的一般格式为

```
DELETE
FROM <表名 >
[WHERE <条件 >];
```

该语句的功能是删除指定表中满足 WHERE 子句条件的所有元组。如果省略 WHERE 子句，表示要删除表中的所有元组，但表的定义仍在数据字典中。即 DELETE 语句删除的是表中的数据，而不是关于表的定义。

1. 删除某一个元组的值

【例 3-60】 删除课程编号为 04010105 的课程记录。

```
DELETE
FROM Course
WHERE 课程编号 ='04010105';
```

2. 删除多个元组的值

【例 3-61】 删除所有课程信息。

```
DELETE
FROM Course;
```

3. 带子查询的删除语句

子查询也同样可以嵌套在删除语句的 WHERE 子句中，用以构造执行删除操作的条件。

【例 3-62】 删除 200801 班所有学生的选课记录。

```
DELETE
FROM Score
WHERE'200801' = (SELECT 班级编号
                 FROM Student
                 WHERE Student. 学号 = Score. 学号);
```

3.5 视图

视图是从一个或几个基本表（或视图）导出的表。数据库中只存放视图的定义，而不存放视图对应的数据，这些数据仍存放在原来的基本表中，所以，视图是虚表。**若基本表**

中的数据发生变化，则从视图中查询出的数据也随之改变。从这个意义上讲，视图就像一个窗口，通过它可以看到数据库中的数据及其变化。

视图一经定义，就可以和基本表一样被查询、被删除，也可以在一个视图之上再定义一个新视图，但对视图的更新操作则有一定的限制。

3.5.1 定义视图

1. 建立视图

创建视图的语句格式为

CREATE VIEW <视图名>[(<列名>[，<列名>]…)]

AS <子查询>

[WITH CHECK OPTION];

注意，组成视图的属性列名可以全部省略或全部指定，如果省略了视图的各个属性列名，则该视图由子查询中 SELECT 子句目标列中的诸字段组成；当子查询的某个目标列是 *、集函数、列表达式或需要在视图中为某个列重新命名时，则要全部指定视图的列名。WITH CHECK OPTION 选项表示通过视图进行增删改操作时，不得破坏视图定义中的谓词条件（即子查询中的条件表达式）。另外，子查询中不允许含有 ORDER BY 子句和 DISTINCT 短语。

（1）行列子集视图

从单个基本表导出，只是去掉了基本表的某些行和某些列而保留了码的视图称为行列子集视图。

【例 3-63】 建立国际贸易 081 班学生的视图。

CREATE VIEW GS_Student

AS

    SELECT 学号,姓名,性别,入学成绩

    FROM Student

    WHERE 班级编号 = (SELECT 班级编号

               FROM Class

               WHERE 班级名称 ='国际贸易 081');

【例 3-64】 建立男学生党员的视图，并要求通过该视图进行的更新操作只涉及男学生党员。

CREATE VIEW DY_Student

AS

SELECT 学号,姓名,性别,入学成绩

FROM Student

WHERE 党员否 =1 and 性别 ='男'

WITH CHECK OPTION;

（2）基于多个基表的视图

视图不仅可以建立在单个基本表上，也可以建立在多个基本表上。也就是说，视图的

属性列可来自于多个基本表。

【例 3-65】 建立 200801 班选修了 04010102 号课程的学生视图。

CREATE VIEW GS_S1 (学号,姓名,成绩)

AS

    SELECT Student. 学号,姓名,成绩

    FROM Student JOIN Score ON Student. 学号 = Score. 学号

    WHERE 课程编号 = '04010102';

（3）基于视图的视图

视图不仅可以建立在一个或多个基本表上，也可以建立在一个或多个已建立好的视图上，或建立在基本表与视图上。

【例 3-66】 建立 200801 班选修了 04010102 号课程且成绩在 70 分以上的学生的视图。

CREATE VIEW GS_S2

AS

    SELECT 学号,姓名,成绩

    FROM GS_S1

    WHERE 成绩 > =70;

（4）带表达式的视图

由于视图中的数据并不实际存储，所以定义视图时可以根据应用的需要，设置一些派生属性列。这些派生属性由于在基本表中并不实际存在，所以也称为虚拟列。带虚拟列的视图也称为带表达式的视图。

【例 3-67】 定义一个反映学生年龄的视图。

CREATE VIEW AGE_Student (学号,姓名,年龄)

AS

    SELECT 学号,姓名,year (getdate ())-year (出生日期)

    FROM Student;

（5）分组视图

还可以用带有聚集函数和 GROUP BY 子句的查询来定义视图，这种视图称为分组视图。

【例 3-68】 将学生的学号及他的平均成绩定义为一个视图。这类视图必须明确定义组成视图的各个属性列名。

CREATE VIEW S_AVG (学号,平均成绩)

AS

    SELECT 学号,AVG (成绩)

    FROM Score

    GROUP BY 学号;

2. 删除视图

删除视图的语句格式为

DROP VIEW <视图名>;

该语句的功能是从数据字典中删除指定的视图定义。而由该视图导出的其他视图的定义却仍存在数据字典中，但这些视图已失效。为了防止用户使用时出错，则要用 DROP VIEW 语句把那些失效的视图一一删除。同样，删除基表后，由该基表导出的所有视图定义都必须显式地使用 DROP VIEW 语句删除。

【例 3-69】 删除视图 S_AVG。

```
DROP VIEW S_AVG;
```

3.5.2 查询视图

从用户角度而言，查询视图与查询基本表相同。DBMS 实现视图查询的方法有两种：

（1）实体化视图（View Materialization）

1）有效性检查：检查所查询的视图是否存在。

2）执行视图定义，将视图临时实体化，生成临时表。

3）查询视图转换为查询临时表。

4）查询完毕删除被实体化的视图（临时表）。

（2）视图消解法（View Resolution）

1）进行有效性检查，检查查询的表、视图等是否存在。如果存在，则从数据字典中取出视图的定义。

2）把视图定义中的子查询与用户的查询结合起来，转换成等价的对基本表的查询。

3）执行修正后的查询。

【例 3-70】 在国际贸易 081 班学生的视图中找出女学生姓名。

```
SELECT 姓名
FROM GS_Student
WHERE 性别 = '女';
```

视图实体化法是将 GS_Student 实体化成临时表后再查询。而视图消解法是将该查询转换成如下的查询语句对基表查询：

```
SELECT 姓名
FROM Student
WHERE 班级编号 = (SELECT 班级编号
                FROM Class
                WHERE 班级名称 = '国际贸易 081')
       AND 性别 = '女';
```

【例 3-71】 查询国际贸易 081 班选修了 04010102 号课程的学生的姓名。

```
SELECT 姓名
FROM GS_Student JOIN Score ON GS_Student. 学号 = Score. 学号
WHERE Score. 课程编号 = '04010102';
```

注意，有些情况下，视图消解法不能生成正确的查询。采用视图消解法的 DBMS 会限制这类查询。

【例 3-72】 在 S_AVG 视图中查询平均成绩在 85 分以上的学号和平均成绩。

```
SELECT *
FROM S_AVG
WHERE 平均成绩 > =85;
```

将本例中的查询语句与 S_AVG 视图定义的查询结合，形成如下的查询转换语句：

```
SELECT 学号,AVG(成绩)
FROM Score
WHERE AVG(成绩) > =85
GROUP BY 学号;
```

由于 WHERE 子句中不能用聚集函数作为条件表达式，因此该查询将不能被执行。正确的查询转换语句为

```
SELECT 学号,AVG(成绩)
FROM Score
GROUP BY 学号 HAVING AVG(成绩) > =85;
```

目前多数关系数据库系统对行列子集视图的查询均能进行正确的转换。但对非行列子集视图的查询（如【例 3-72】）就不一定能正确转换了，因此这类查询应该直接对基本表进行。

3.5.3　更新视图

更新视图是指通过视图来插入、删除和修改数据。由于视图是不存储数据的虚表，因此对视图的更新，最终要转换为对基本表的更新。

为防止用户更新视图时有意无意地对不属于视图范围内的基本表数据进行操作，可在定义视图时指定 WITH CHECK OPTION 子句，这样，DBMS 在更新视图时会检查视图定义中的条件，若不满足条件，则拒绝执行更新操作。

【例 3-73】　将国际贸易 081 班学生视图 GS_Student 中学号为 2008094001 的学生的入学成绩改为 650。

```
UPDATE GS_Student
SET 入学成绩 =650
WHERE 学号 ='2008094001';
```

【例 3-74】　向国际贸易 081 班学生视图 GS_Student 中插入一个新的学生记录：(2008094012，赵新革，男，500)。

```
INSERT
INTO GS_Student
VALUES('2008094012','赵新革','男',500);
```

注意，导出视图的基表 Student 中，除指定了具体值的学号、姓名、性别和入学成绩属性列之外，其他未明确给定值的属性应该允许插入 NULL 值，否则，插入操作将不会执行。显然，由于新插入学生记录的班级编号属性列为 NULL，即该学生不属于任何班级，因此，新插入的学生记录不会出现在虚表 GS_Student 中，而只是在基表 Student 中。

如果在定义视图 GS_Student 的 create view 语句中指定 WITH CHECK OPTION 选项，则本例插入操作将不会被执行，因为新插入的元组不符合视图定义时的条件，即未明确指定班级编号属性。

【例 3-75】 删除视图 GS_Student 中学号为 2008094012 的记录。

```
DELETE
FROM GS_Student
WHERE 学号 ='2008094012';
```

在关系数据库中，并不是所有的视图都是可更新的，因为有些视图的更新不能唯一地、有意义地转换成对基本表的更新。

例如，在【例 3-68】中定义的视图 S_AVG 是不可更新的。对于如下更新语句：

```
UPDATE S_AVG
SET 平均成绩 =90
WHERE 学号 ='2008094001';
```

系统无法将其转换成对基本表 Score 的更新，因为系统无法修改 Score 表的各门课成绩，以使平均成绩为 90。所以 S_AVG 视图是不可更新的。

总之，我们可以得出如下结论：

1）如果视图属性中包含基本表的主码（也可能是其他的一些候选码），那么由单一基本表导出的视图，即行列子集视图是可以更新的，这是因为每个视图（虚）元组都可以映射到一个基本表的元组中。

2）在多个表上使用连接操作定义的视图一般都是不可更新的。

3）使用分组和聚集函数定义的视图是不可更新的。

一般来说，实际 DBMS 都允许对行列子集视图进行更新，而且各个系统对视图的更新还有更进一步的规定。例如 SQL Server 对视图更新的规定如下：

1）若视图的字段来自聚集函数，则此视图不允许更新。

2）若视图定义中含有 GROUP BY 子句，则此视图不允许更新。

3）若视图定义中含有 DISTINCT 短语，则此视图不允许更新。

4）在一个不允许更新的视图上定义的视图也不允许更新。

5）由于向视图插入数据的实质是向其所引用的基本表中插入数据，所以必须确认那些未包括在视图中的列但属于基表的列允许 NULL 值或有缺省值。对多表视图，若要执行 INSERT 语句，则一个插入语句只能对属于同一个表的列执行操作。即一个插入操作需要用多个 INSERT 语句实现。

6）通过视图对数据进行修改与删除时需要注意到两个问题：执行 UPDATE 或 DELETE 时，所删除与修改的数据，必须包含在视图结果集中；如果视图引用多个表时，无法用 DELETE 命令删除数据，若使用 UPDATE 则应与 INSERT 操作一样，被修改的列必须属于同一个表。

3.5.4 视图的作用

视图是定义在基本表之上的，对视图的一切操作最终也要转换为对基本表的操作。并且对视图的更新操作还会受到种种限制。既然如此,为什么还要使用视图呢? 这是因为合理使用视图能够带来许多好处。

1. 视图能够简化用户的操作

视图机制使用户可以将注意力集中在所关心的数据上。如果这些数据不是直接来自基本表,则可以通过定义视图,使数据库看起来结构简单、清晰,并且可以简化用户的数据查询操作。例如,基于多张表连接形成的视图,就将表与表之间的连接操作对用户隐藏起来了。换句话说,用户所做的只是对一个虚表的简单查询,而这个虚表是怎样得来的,用户无需了解。

2. 视图使用户能以多种角度看待同一数据

视图机制能使不同用户以不同方式看待同一数据,但许多不同种类的用户共享同一个数据库时,这种灵活性是非常重要的。

3. 视图对重构数据库提供了一定程度的逻辑独立性

在关系数据库中,数据库的重构往往是不可避免的。重构数据库最常见的是将一个基本表"垂直"地分成多个基本表。例如,将学生基本表:

Student(学号,姓名,性别,年龄,所在系)

"垂直"地分成两个基本表:

SX(学号,姓名,年龄)

SY(学号,性别,所在系)

通过建立一个视图 Student:

```
CREATE VIEW  Student(学号,姓名,性别,年龄,所在系)
AS
   SELECT  SX.学号,SX.姓名,SY.性别,SX.年龄,SY.所在系
   FROM  SX,SY
   WHERE  SX.学号 = SY.学号;
```

使用户的外模式保持不变,用户的应用程序通过视图仍然可以查询数据。

当然,视图只能在一定程度上提供数据的逻辑独立性,比如由于对视图的更新是有条件的,因此应用程序中修改数据的语句可能仍会因基本表结构的改变而改变。

4. 视图能够对机密数据提供安全保护

视图可以作为一种安全机制。通过视图用户只能查看和修改他们所能看到的数据。在涉及数据库应用系统时,对不同用户定义不同视图,使机密数据不出现在不应看到这些数据的用户视图上,这样视图机制就自动提供了对机密数据的安全保护功能。

3.6 数据控制

数据控制亦称为数据保护,包括数据的安全性控制、完整性控制、并发控制和恢复。

SQL 提供了数据控制功能,能够在一定程度上保证数据库中数据的安全性、完整性,并提供了一定的并发控制及恢复能力。

安全性是指保护数据库，防止不合法的使用所造成的数据泄露和破坏。保证数据安全性的主要措施是存取控制机制，控制用户只能存取他有权存取的数据，同时令所有未被授权的用户无法接近数据。

目前，大型数据库管理系统几乎都支持自主存取控制（即用户对不同的数据库对象有不同的存取权限，不同的用户对同一对象也有不同的权限，而且用户还可以将其拥有的存取权限转授给其他用户），在 SQL 标准中，主要是通过 GRANT 和 REVOKE 语句来实现的。

用户权限是由两个要素组成的：数据库对象和操作类型。定义用户的存取权限就是要定义这个用户可以在哪些数据库对象上进行哪些类型的操作。这一操作称为授权。

关系数据库系统中存取控制的对象不仅有数据本身（基本表中的数据、属性列上的数据），还有数据库模式（数据库、基本表、视图和索引等），表 3-9 列出了主要的存取权限。

表 3-9　关系数据库系统中的存取权限

对　象	对象类型	操作类型
属性列	数据	SELECT, INSERT, UPDATE, REFERENCE, ALL PRIVILEGES
基本表与视图	数据	SELECT, INSERT, UPDATE, DELETE, REFERENCE, ALL PRIVILEGES
索引	模式	CREATE INDEX
视图	模式	CREATE VIEW
基本表	数据库	CREATE TABLE, ALTER TABLE

3.6.1　授权

授权语句的一般格式为

GRANT <权限> [, <权限>] …
ON <对象类型> <对象名> [, <对象类型> <对象名>] …
TO <用户> [, <用户>] …
[WITH GRANT OPTION];

其功能为：将对指定操作对象的指定操作权限授予指定的用户。发出该授权语句的可以是 DBA，也可以是该数据库对象的创建者（即属主 Owner），也可以是已经拥有该权限的用户。接受权限的用户可以是一个或多个具体用户，也可以是 PUBLIC（全体用户）。

如果指定了 WITH GRANT OPTION 子句，则获得某种权限的用户还可以把这种权限再授予别的用户。如果没有指定 WITH GRANT OPTION 子句，则获得某种权限的用户只能使用该权限，不能传播该权限。

【例 3-76】　把查询 Student 表权限授给用户 U1。

GRANT SELECT
ON TABLE Student
TO U1;

【例 3-77】　把对 Student 表的全部权限授予用户 U2 和 U3。

```
GRANT ALL PRIVILEGES
ON TABLE Student
TO U2,U3;
```

【例 3-78】　把对表 Course 的查询权限授予所有用户。

```
GRANT SELECT
ON TABLE Course
TO PUBLIC;
```

【例 3-79】　把查询 Student 表和修改学生学号的权限授给用户 U4。

```
GRANT UPDATE(学号),SELECT
ON TABLE Student
TO U4;
```

注意，对属性列的授权必须明确指出相应的属性列名称。

【例 3-80】　把对表 Score 的 INSERT 权限授予 U5 用户，并允许他再将此权限授予其他用户。

```
GRANT INSERT
ON TABLE Score
TO U5
WITH GRANT OPTION;
```

执行此 SQL 语句后，U5 不仅拥有了对表 Score 的 INSERT 权限，还可以传播此权限，例如，U5 可以将此权限授予 U6：

```
GRANT INSERT
ON TABLE Score
TO U6
WITH GRANT OPTION;
```

同样，U6 还可以将此权限授予 U7：

```
GRANT INSERT
ON TABLE Score
TO U7;
```

但 U7 不能再传播此权限。因为 U6 未给 U7 传的权限。也不允许循环授权，即被授权者不能把权限再授回给授权者或其祖先，如 U6 不能再把权限授回给 U5。

3.6.2　收回权限

授予的权限可以由 DBA 或其他授权者用 REVOKE 语句收回，REVOKE 语句的一般格式为：

```
REVOKE <权限>[，<权限>]…
ON <对象类型><对象名>[，<对象类型><对象名>]…
FROM <用户>[，<用户>]…[CASCADE|RESTRICT];
```

语句功能为从指定用户那里收回对指定对象的指定权限。

【例3-81】 把用户 U4 修改学生学号的权限收回。

REVOKE UPDATE(学号)

ON TABLE Student

FROM U4;

【例3-82】 收回所有用户对表 Course 的查询权限。

REVOKE SELECT

ON TABLE Course

FROM PUBLIC;

【例3-83】 把用户 U5 对 Score 表的 INSERT 权限收回。

REVOKE INSERT

ON TABLE Score

FROM U5 CASCADE;

将用户 U5 的 INSERT 权限收回的时候必须级联（CASCADE）收回，否则系统将拒绝（RESTRICT）执行该命令。因为 U5 将对 Score 的 INSERT 权限授予了 U6，而 U6 又将其授予了 U7。

注意，这里默认值为 RESTRICT，有的 DBMS 的默认值为 CASCADE，会自动执行级联操作而不必明确加 CASCADE 选项。如果 U6 或 U7 还从其他用户处获得了对表 Score 的 IN-SERT 权限，则他们仍具有此权限，系统只是收回直接或间接从 U5 处获得的权限。

SQL 提供了非常灵活的授权机制。DBA 拥有对数据库中所有对象的所有权限，并可以根据实际情况将不同的权限授予不同的用户。

用户对自己建立的基本表和视图拥有全部的操作权限，并且可以用 GRANT 语句把其中某些权限授予其他用户。被授权的用户如果有"继续授权"的许可，还可以把获得的权限再授予其他用户。所有授予出去的权限在必要时又都可以用 REVOKE 语句收回。

3.7 小结

SQL 主要分为数据定义、数据查询、数据更新和数据控制四大部分。本章以 SQL-92 标准为基础系统而详尽的讲述了上述四部分内容。其中 SQL 的数据查询功能是最丰富，也是最复杂的，读者应该通过上机实验加强练习。SQL 是关系数据库语言的工业标准，各数据库厂商支持的 SQL 通常在标准之上进行扩充或修改。本章所讲述的内容对于掌握数据库的实际操作和数据库系统开发具有重要的意义。

习 题

一、单项选择题

1. SQL 是（　　）的语言，容易学习。

A. 过程化　　　　　　B. 非过程化　　　　　　C. 格式化　　　　　　D. 导航式

2. SQL 的数据操纵语句包括 SELECT、INSERT、UPDATE、DELETE 等。其中使用最频繁的语句是（　　）。

A. SELECT　　　　　　B. INSERT　　　　　　C. UPDATE　　　　　D. DELETE

3. 下列 SQL 中的权限，哪一个允许用户定义新关系时，引用其他关系的主码作为外码（　　）。

A. INSERT　　　　　B. DELETE　　　　　C. REFERENCES　　　　D. SELECT

4. 在视图上不能完成的操作是（　　）。

A. 更新视图　　　　　　　　　　　　B. 查询

C. 在视图上定义新的表　　　　　　　D. 在视图上定义新的视图

5. SQL 集数据查询、数据操纵、数据定义和数据控制功能于一体，其中，CREATE、DROP、ALTER 语句是实现哪种功能（　　）。

A. 数据查询　　　　　B. 数据操纵　　　　　C. 数据定义　　　　　D. 数据控制

6. SQL 中，删除一个视图的命令是（　　）。

A. DELETE　　　　　B. DROP　　　　　　C. CLEAR　　　　　D. REMOVE

7. 在 SQL 中的视图 VIEW 是数据库的（　　）。

A. 外模式　　　　　B. 模式　　　　　　C. 内模式　　　　　D. 存储模式

8. 下列的 SQL 语句中，（　　）不是数据定义语句。

A. CREATE TABLE　　B. DROP VIEW　　　C. CREATE VIEW　　　D. GRANT

9. 若要撤销数据库中已经存在的表 S，可用（　　）。

A. DELETE TABLE S　B. DELETE S　　　　C. DROP TABLE S　　　D. DROP S

10. 若要在基本表 S 中增加一列 CN（课程名），可用（　　）。

A. ADD TABLE S（CN CHAR(8)）

B. ADD TABLE S ALTER(CN CHAR(8))

C. ALTER TABLE S ADD CN CHAR(8)

D. ALTER TABLE S（ALTER CN CHAR(8)）

11. 学生关系模式 S（S#, Sname, Sex, Age），S 的属性分别表示学生的学号、姓名、性别、年龄。要在 S 中删除一个属性"年龄"，可选用的 SQL 语句是（　　）。

A. DELETE Age from S

B. ALTER TABLE S DROP Age

C. UPDATE S Age

D. ALTER TABLE S ′Age′

12. 使用 SQL 语句进行查询操作时，若希望查询结果中不出现重复元组，应在 SELECT 子句中使用（　　）保留字。

A. UNIQUE　　　　　B. ALL　　　　　　C. EXCEPT　　　　　D. DISTINCT

13. 设关系数据库中一个表 S 的结构为 S（SN, CN, grade），其中 SN 为学生名，CN 为课程名，二者均为字符型；grade 为成绩，数值型，取值范围 0~100。若要把"张二的化学成绩 80 分"插入 S 中，则可用（　　）。

A. ADD INTO S VALUES（′张二′,′化学′,′80′）

B. INSERT INTO S VALUES（′张二′,′化学′,′80′）

C. ADD INTO S VALUES（′张二′,′化学′,80）

D. INSERT INTO S VALUES（′张二′,′化学′,80）

14. 设关系数据库中一个表 S 的结构为：S（SN, CN, grade），其中 SN 为学生名，CN 为课程名，二者均为字符型；grade 为成绩，数值型，取值范围 0~100。若要更正王二的化学成绩为 85 分，则可用（　　）。

A. UPDATE S SET grade = 85 WHERE SN = ′王二′ AND CN = ′化学′

B. UPDATE S SET grade = ′85′ WHERE SN = ′王二′AND CN = ′化学′

C. UPDATE grade = 85 WHERE SN = ′王二′ AND CN = ′化学′

D. UPDATE grade = ′85′ WHERE SN = ′王二′ AND CN = ′化学′

15. 视图创建完成后，数据字典中存放的是（　　　）。

A. 查询语句　　　　　　　　　　　　　　B. 查询结果

C. 视图的定义　　　　　　　　　　　　　　D. 所引用的基本表的定义

16. 若用如下的 SQL 语句创建了一个表 SC：

CREATE TABLE SC（S# CHAR（6）NOT NULL，C# CHAR（3）NOT NULL，SCORE INTEGER，NOTE CHAR（20））向 SC 表插入如下行时，（　　　）行可以被插入。

A. （′201009′，′111′，60，必修）　　　　　B. （′200823′，′101′，NULL，NULL）

C. （NULL，′103′，80，′选修′）　　　　　　D. （′201132′，NULL，86，′′）

二、简答题

1. 试述 SQL 的特点。

2. 什么是基本表？什么是视图？两者的区别和联系是什么？

3. 试述视图的优点。

4. 所有的视图是否都可以更新？为什么？

5. 既然索引能够提高查找速度，那么表中的索引是否是越多越好？简述在何种情况下应该设置索引？在何种情况下设置聚簇索引？

三、应用题

设要建立学生选课数据库，库中包括学生、课程和选课三个基本表，其表结构如下：

学生（学号，姓名，性别，年龄，党员，入学成绩）

选课（学号，课程号，成绩）

课程（课程号，课程名）

试用 SQL 语句完成下列操作。

1. 查询所有选课学生的姓名、课程名、成绩。

2. 查询所有选修"大学英语"课程的学生姓名。

3. 把王飞同学的选课记录全部删除。

4. 统计选课表中成绩的最高分和最低分。

5. 查询学生表中所有学生的所有信息。

6. 查询所有学生党员的学号和姓名。

7. 查询女学生的学号和姓名，查询结果按入学成绩降序排列。

8. 查询男女生的入学平均成绩。

9. 检索姓名以王开头的所有学生的姓名和年龄。

10. 检索年龄大于 23 岁的男学生的学号和姓名。

11. 查询所有选课学生的全部信息（如一个同学同时选修了多门课程，学生信息只显示一次）。

12. 创建成绩单视图（视图名为 cjd），包括学号、姓名、课程号、课程名及成绩共五列。

第4章

关系数据库规范化理论

一个关系数据库模式是由一组关系模式组成的，每一个关系模式中主要确定了该关系中包含哪些列及列的相应属性等信息。设计数据库时除了要考虑该数据库中应该包含多少个关系外，还需要考虑每一个关系中应该包含哪些列，某一列只包含在一个关系中还是同时出现在几个关系中才更"好"。所谓"好"的关系就是其中存储的数据冗余度小，对其进行增加、删除或修改的时候不会出现异常情况。

本章介绍判断关系模式优劣的理论标准——关系数据库的规范化理论。它可以帮助我们预测关系模式中可能出现的问题，并且提供了自动产生各种模式的算法，是数据库设计人员的有效工具，也使数据库设计工作有了严格的理论基础。关系数据库规范化理论是在数据依赖理论的基础上提出的，下面首先来了解数据依赖的相关知识。

4.1 数据依赖

数据依赖是指通过一个关系中属性值的相等与否体现出来的数据间的相互关系。它是现实世界中属性间相互联系的抽象，是数据内在的性质，是数据语义的体现。

在现实生活中，有许多种类型的数据依赖，其中最重要的是函数依赖（Functional Dependency，FD）和多值依赖（Multivalued Dependency，MVD）。下面简单介绍函数依赖的有关概念，多值依赖将在后面章节中介绍。

4.1.1 函数依赖

1. 函数依赖的定义

定义 4.1 设关系模式 $R(U)$，其中 $U = \{A_1, A_2, \cdots, A_n\}$ 是属性集合，X 和 Y 为 U 的子集，如果对于关系模式 $R(U)$ 的任何一个可能的关系 r，r 中不可能存在两个元组在 X 的属性值相等，而在 Y 上的属性值不等。也就是说，如果 u、v 是 r 中的任意两个元组，只要有 $u[X] = v[X]$，就有 $u[Y] = v[Y]$，这时我们称 "X 函数确定 Y"，或称 "Y 函数依赖于 X"，记为：$X \rightarrow Y$。

也就是说，如果 $X \rightarrow Y$ 成立，则对于 $R(U)$ 的任意一个可能的关系 r 中的任意两个元组，只要在 X 上的属性值相等，则其在 Y 上的属性值也一定相等。即在 $R(U)$ 的任意一个可能的关系 r 中，只要指明该关系在 X 列的任意一个值 x，就能确切地知道该关系中与 x 在同一行的 Y 列上的值是什么，不管 x 在 X 列上是否重复。函数依赖正像一个函数 $y = f(x)$ 一样，x 的值给定后，y 的值也就唯一确定了。

对于函数依赖定义，需要说明以下几点：

1）函数依赖 $X \rightarrow Y$ 的定义要求关系模式 R 的任何一个可能的关系 r 都满足上述条件，即 R 在任何一个确定时刻对应的 r 中存储的值都必须满足该条件，不能仅考察关系模式 R 在某一时刻的关系 r 中的值，就断定某函数依赖成立。

【例4-1】 有学生基本情况的关系模式，该关系模式包含的属性有学号、姓名、年龄，其中一名学生只能有唯一的一个学号，且只有一个年龄。

该关系模式描述如下：

学生（学号，姓名，年龄）。

可能在某一时刻 t_1，学生关系 r_1 中每个学生的年龄都不同，如表 4-1 所示。也就是说，此时只要年龄的值确定，就能准确地知道与该值对应的学号的值，但我们决不能据此就断定"年龄→学号"。因为很有可能在另一时刻 t_2 存在学生关系中存储的数据有两个或两个以上学生的年龄相同，而在学号属性上的值不同的情况，表 4-2 为学生关系 r_2 在时刻 t_2 时所存储的数据。此时，第二个元组和第四个元组在年龄列上的值都是 21，但在学号列上的值不同，即年龄 21 的值确定后，有两个学号和其对应，这样就不能唯一地确定一个学号值，所以说年龄→学号是不成立的。

表 4-1 时刻 t_1 对应的关系 r_1

学　号	姓　名	年　龄
2006091001	张　楚	20
2006091002	欧阳佳慧	21
2006091003	孔灵柱	22

表 4-2 时刻 t_2 对应的关系 r_2

学　号	姓　名	年　龄
2006091001	张　楚	20
2006091002	欧阳佳慧	21
2006091003	孔灵柱	22
2006091004	门静涛	21

2）函数依赖是语义范畴的概念，只能根据语义来确定一个函数依赖关系是否成立，而且数据库的设计者可以对现实世界作强制的规定。

在例 4-1 的学生关系中，如果规定此关系中不允许有重名的学生，则"姓名→年龄"成立；反之，"姓名→年龄"就不成立了。

3）若 $X \rightarrow Y$，则 X 称为这个函数依赖的决定属性集，也称为决定因素（Determinant），Y 称为被决定属性集。

4）若 Y 不函数依赖于 X，记为 $X \nrightarrow Y$。

5）若 $X \rightarrow Y$，并且 $Y \rightarrow X$，记为 $X \leftrightarrow Y$。

2. 平凡函数依赖与非平凡函数依赖

定义 4.2 设关系模式 $R(U)$，其中 $U = \{A_1, A_2, \cdots, A_n\}$ 是属性集合，X 和 Y 为 U

的子集，如果 $X \rightarrow Y$，但 $Y \nsubseteq X$，则称 $X \rightarrow Y$ 是非平凡函数依赖（Nontrivial Functional Dependency）。若 $Y \subseteq X$，则称 $X \rightarrow Y$ 是平凡函数依赖（Trivial Functional Dependency）。

对于任意一个关系模式，平凡函数依赖都是必然成立的，它不反映新的语义，因此若不特殊说明，本书讨论的都是非平凡函数依赖。

3. 完全函数依赖与部分函数依赖

定义 4.3　设关系模式 $R(U)$，其中 $U = \{A_1, A_2, \cdots, A_n\}$ 是属性集合，X 和 Y 为 U 中不同的属性子集，若存在 $X \rightarrow Y$，并且对于 X 的任何一个真子集 X'（即 $X' \nsubseteq X$），都有 $X' \nrightarrow Y$，则称 Y 完全函数依赖（Full Functional Dependency）于 X，记为 $X \xrightarrow{f} Y$。若 $X \rightarrow Y$，但 Y 不完全函数依赖于 X，即至少存在 X 的一个真子集 X'，使得 $X' \rightarrow Y$ 成立，则称 Y 部分函数依赖（Part Functional Dependency）于 X，记为 $X \xrightarrow{p} Y$。

也就是说在一个函数依赖关系中，只要决定属性集中不包含多余的属性，即从决定属性集中去掉任何一个属性该函数依赖关系都不成立，这时就是完全函数依赖，否则就是部分函数依赖。由此可知，决定属性集中只包含一个属性的函数依赖一定是完全函数依赖。

【例 4-2】　有学生选课情况的关系模式，该关系模式包含的属性有学号、课程编号、成绩，其中一名学生可以选修多门课程，一门课程允许多名学生选修，每名学生选修的每门课程只有一个成绩。

该关系模式描述如下：

学生选课（学号，课程编号，成绩），由题中叙述可知，该关系模式中存在函数依赖"（学号，课程编号)→成绩"。

又因为学号↛成绩，课程编号↛成绩，即从该函数依赖的决定属性集（学号，课程编号）中去掉任何一个属性"学号"或"课程编号"，该函数依赖都不成立，所以"（学号，课程编号）$\xrightarrow{f}$ 成绩"。

而在例 4-1 的关系模式"学生（学号，姓名，年龄）"中，因为"学号→年龄"，所以"（学号，姓名）$\xrightarrow{p}$ 年龄"。

4. 传递函数依赖

定义 4.4　在关系模式 $R(U)$ 中，设 X、Y、Z 是 U 中不同的属性子集，如果 $X \rightarrow Y$，$Y \rightarrow Z$，且 $Y \nsubseteq X$，$Y \nrightarrow X$，则称 Z 传递函数依赖（Transitive Functional Dependency）于 X，记为 $X \xrightarrow{t} Z$。

定义中说明 $Y \nrightarrow X$，是因为如果 $Y \rightarrow X$，则有 $X \leftrightarrow Y$，实际形成 $X \rightarrow Z$ 是直接函数依赖，而非传递函数依赖。

【例 4-3】　有学生所在系情况的关系模式，该关系模式包含的属性有学号、所在系、系主任，其中一名学生只能属于一个系，一个系可以有多名学生；一个系只有一个系主任，一个系主任可以同时兼几个系的系主任。

该关系模式描述如下：

学生系别（学号，所在系，系主任），由题中叙述可知：

学号→所在系

所在系→系主任

所在系 ⊈ 学号

所在系 ↛ 学号

则学号与系主任之间是传递函数依赖，即学号 $\xrightarrow{\ t\ }$ 系主任。

5. 关系模式中的码

属性集 U 上的关系模式 $R(U)$ 常常表示为 $R(U, F)$，其中，F 是属性组 U 上的一组函数依赖。

码是关系模式中的一个重要概念。在前面章节中已经给出了有关码的定义，下面从函数依赖的角度来重新定义码。

定义 4.5 设 K 为关系模式 $R(U, F)$ 中的属性或属性组合，若 $K \xrightarrow{\ f\ } U$，则 K 称为 R 的一个候选码（Candidate Key）。包含在任意一个候选码中的属性叫做主属性（Prime Attribute）。不包含在任何候选码中的属性叫做非主属性（Nonprime Attribute）或非码属性（Non- key Attribute）。

一个关系模式中可以有多个候选码，候选码可以由单个属性或多个属性组合形成。最简单的情况，单个属性是候选码。最极端的情况，全部属性组合构成候选码，称为全码（All- key）。

通过定义我们知道，关系模式的每个候选码具有下列两个特性：

1）唯一性。在关系模式 $R(U)$ 中，设 K 为关系模式 R 的候选码，对于关系模式 R 对应的任何一个关系 r，任何时候都不存在候选码属性值相同的两个元组，即每一个元组对应的候选码的值在关系 r 中都是唯一的。

2）最小特性。在关系模式 $R(U)$ 中，设 K 为关系模式 R 的候选码，X 为 R 中的属性。若 $X \subset K$，则 X 不会是候选码。即候选码中不包含任何多余的属性，也就是从候选码中去掉任何一个属性后都不再是候选码。

在例 4-1 的关系模式"学生（学号，姓名，年龄）"中，如果允许有重名的学生存在，学号是该关系模式唯一的候选码；如果不允许有重名的学生存在，则学号和姓名都是该关系模式的候选码，即该关系模式有两个候选码。

前面所提到的候选码都是单个的属性，有时，候选码还可能是两个或两个以上的属性组成的属性组。如在例 4-2 的关系模式"学生选课（学号，课程编号，成绩）"中，候选码是（学号，课程编号）。

定义 4.6 从关系模式 R 的候选码中，选定任意一个作为主码（Primary Key）。

在关系模式中，通常在主码对应的属性名下加下画线，例如例 4-1 的关系模式可描述为：学生（<u>学号</u>，姓名，年龄）。

定义 4.7 关系模式 R 中属性或属性组 X 并非 R 的主码，但 X 是另一个关系模式 S 的主码，则称 X 是 R 的外部码（Foreign key），简称外码。

如在例 4-2 的关系模式"学生选课（<u>学号，课程编号</u>，成绩）"中，学号不是该关系模式的主码（只是主码的一部分），但学号是关系模式"学生（<u>学号</u>，姓名，年龄）"的主码，则学号是关系模式学生选课的外部码。

4.1.2 函数依赖对关系模式的影响

通过前面的讲解我们知道，函数依赖普遍地存在于现实生活中，并且函数依赖对关系模式有着重要的影响。

【例4-4】 一个描述学生教务的关系模式，包含的属性有学生的学号、所在系、系主任、课程编号和成绩。其中一名学生只能从属于一个系，每个系可以有多名学生；一个系只能有一名系主任；一个系主任可以同时兼几个系的系主任；一名学生可以选修多门课程，每门课程允许多名学生选修；每个学生所选修的每门课程都只有一个成绩。

如果用一个单一的关系模式 STC 来表示，则该关系模式的属性集合为

U = {学号，所在系，系主任，课程编号，成绩}

其中（学号，课程编号）是该关系的主码。表4-3 为该关系模式在某一时刻对应的关系。

91

表4-3 关系 STC 在某一时刻对应的关系

学 号	所 在 系	系 主 任	课程编号	成 绩
2006091001	工商管理系	王中亮	04010101	65
2006091002	工商管理系	王中亮	04010102	70
2006082003	计算机系	张超	05010103	56
2006082004	计算机系	张超	05010104	78
2006065005	电子工程系	雷雨	02010101	87

由上述事实可以得到属性组 U 上的一组函数依赖：

学号→所在系

所在系→系主任

（学号，课程编号）→成绩

如果只考虑函数依赖这一种数据依赖，就得到了一个描述学生的关系模式：

STC（U，F）

其中：

U = {学号，所在系，系主任，课程编号，成绩}

F = {学号→所在系，所在系→系主任，（学号，课程编号）→成绩}

但是，这个关系模式存在以下问题：

1）数据冗余太大。比如，每一个系的系主任姓名重复出现，重复次数与该系所有学生的所有课程成绩出现次数相同。这将浪费大量的存储空间。

2）更新异常。由于数据冗余，当更新数据库中的数据时，系统要付出很大的代价来维护数据库的完整性，否则面临数据不一致的危险。比如，某系更换系主任后，必须修改与该系学生有关的每一个元组。

3）插入异常。如果一个系刚成立，还没有招生，即没有学生，就无法把这个系及其

系主任的信息存入数据库。因为学号是该关系的主属性，若要保存没有学生的系的相关信息，必然会在关系中出现学号属性值上为空的元组。这与实体完整性中规定的主属性不能为空是矛盾的。

4）删除异常。如果某个系的学生全部毕业了，在删除学生信息的同时，会把这个系及其系主任的信息也删除掉，但是这个系仍然是存在的，在这种情况下，该系的信息就无法在数据库中找到，即出现了删除异常。

根据以上种种问题可以得出这样的结论：STC 关系模式不是一个好的模式。一个"好"的模式应当不会发生插入异常、删除异常、更新异常，数据冗余应尽可能少。

之所以会出现这些问题，是因为存在于该模式中的某些数据依赖引起的。假如把这个单一的模式改造一下，分成三个关系模式：

S（学号，所在系）

SG（学号，课程编号，成绩）

GR（所在系，系主任）

在这三个模式中，完全可以克服前面提到的更新异常、插入异常、删除异常等问题，数据的冗余也得到了一定控制。

规范化理论正是用来研究和分析各种数据依赖，改造关系模式，通过消除关系模式中不合适的数据依赖，来避免产生插入异常、删除异常、更新异常和数据冗余等问题的方法。

4.2 范式与关系模式规范化

函数依赖引起的主要问题是操作异常，通常的解决办法是对关系模式进行合理的分解，即将一个关系模式分解成两个或两个以上合理的、等价的关系模式（至于如何分解才是"合理"的、"等价"的，在下一节中讨论）。如上节中的关系模式 STC 由于存在操作异常，我们将它分解成 S、SG 和 GR 三个关系模式，分解后即可消除关系模式 STC 中存在的那些操作异常，此时我们说关系模式 S、SG 和 GR 比关系模式 STC "好"。之所以会这样，从数据依赖的角度分析，是因为关系模式 S、SG 和 GR 与关系模式 STC 相比满足一定的约束条件。

定义 4.8 将满足一定约束条件的关系模式的集合称为范式（Normal Form，NF），即对于一个具体的关系模式 R 只要满足某一约束条件，就说 R 为某一范式。

范式的概念最早由"关系数据库之父"E. F. Codd 提出，他在 1971—1972 年系统地提出了第一范式、第二范式和第三范式的概念；1974 年 Codd 和 Boyce 共同提出了 Boyce-Codd 范式；1976 年 Fagin 提出了第四范式，以后又有人提出了第五范式。

满足最低约束条件的关系模式叫做第一范式，简称 1NF，这是关系模式最基本的约束条件。在第一范式的基础上又满足一定的约束条件的叫做第二范式，简称 2NF。以此类推，有第三范式（3NF）、Boyce-Codd 范式（BCNF）、第四范式（4NF）和第五范式（5NF）等。各种范式之间的关系是：$1NF \supset 2NF \supset 3NF \supset BCNF \supset 4NF \supset 5NF$，如图 4-1 所示。关系模式 R 为第几范式可以写成 $R \in xNF$，如 $R \in 2NF$ 表示 R 属于第二范式。关系所属的范式级别越高，关系的规范化程度越高。例如，如果 $R_1 \in 3NF$，$R_2 \in 2NF$，R_1 的规范化程度就比 R_2 高。

4.2.1 第一范式

定义 4.9 如果一个关系模式 R 的所有属性都是不可分的基本数据项，则称 R 属于第一范式（1NF），记为 $R \in 1NF$。

关系数据模型要求所有的关系模式必须满足第一范式的要求。这是对关系模式最基本的要求，不满足第一范式的数据库模式不能称为关系数据库，如表4-4所示的表就不满足第一范式，但可以将其转换为符合第一范式的要求，如表4-5所示。

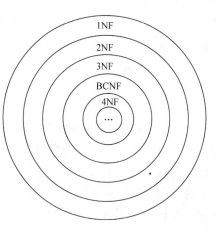

图 4-1 各种范式之间的关系

表 4-4 非第一范式二维表

学 号	课程编号	成 绩	系	
			系 名 称	系 主 任
2006091001	04010101	65	工商管理系	王中亮
2006091002	04010102	70	工商管理系	王中亮
2006082003	05010103	56	计算机系	张超
2006082004	05010104	78	计算机系	张超
2006065005	02010101	87	电子工程系	雷雨

表 4-5 满足第一范式的二维表

学 号	课程编号	成 绩	所 在 系	系 主 任
2006091001	04010101	65	工商管理系	王中亮
2006091002	04010102	70	工商管理系	王中亮
2006082003	05010103	56	计算机系	张超
2006082004	05010104	78	计算机系	张超
2006065005	02010101	87	电子工程系	雷雨

表4-5用关系模式描述为"STC（学号，课程编号，成绩，所在系，系主任）"。

如果一个关系仅仅满足第一范式的要求还是不够的，还不是一个"好"的关系，则可能会存在种种操作异常。如上例中的关系STC属于第一范式，但在对STC进行操作的过程中会出现以下问题：

1）插入异常。无法向STC中插入未选课的学生信息，造成部分学生信息无法保存的情况。因为此关系的主码为（学号，课程编号），因此"学号"和"课程编号"即为主属

93

性，关系的实体完整性规定主属性不能为空，因此未选课的学生即课程编号为空，不能在此关系中保存。

2）删除异常。删除选课记录时会将其他信息也删除。原因同上。

3）数据冗余大。如果一个学生选修了多门课程，则其所在系和系主任的信息就要重复存储多次，造成数据冗余。

4）更新异常。若某学生从一个系转到另一个系，则需要在修改其所在系的同时，还要修改其系主任的值，而且如果该学生选修了 n 门课程，则必须修改 n 次所在系和系主任的值，这就造成了更新的复杂性。

为什么会出现上述问题呢？我们先来分析该关系模式中的数据依赖关系，此关系中的函数依赖如图 4-2 所示，其中实线表示完全函数依赖，虚线表示部分函数依赖。

（学号，课程编号）$\xrightarrow{\ f\ }$ 成绩

学号 $\longrightarrow$ 所在系

（学号，课程编号）$\xrightarrow{\ p\ }$ 所在系

学号 $\longrightarrow$ 系主任

（学号，课程编号）$\xrightarrow{\ p\ }$ 系主任

所在系 $\longrightarrow$ 系主任

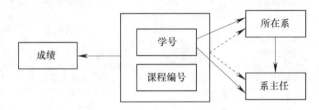

图 4-2　STC 中的函数依赖

关系 STC 之所以会存在以上列举的种种操作异常，就是因为所在系和系主任等非主属性对码（学号，课程编号）的部分函数依赖。原因如下：

若某关系模式的属性间有函数依赖 $X \xrightarrow{\ p\ } Y$，而 X 又是码，那么 X 的值就可能重复出现，这样，在具有相同 X 值的所有元组中，与其对应的 Y 值就会重复出现，这就是数据冗余，随之而来的是更新异常。如 STC 关系中的"学号→所在系"、"学号→系主任"，只要学号值相同，所在系和系主任的值就相同，而学号又不是码（只是码的一部分），就可能会在不同的元组中重复出现，由此造成所在系及系主任的值重复存储，出现数据冗余，进而出现更新异常等问题。

某个特定的 X 值与某个特定的 Y 值相联系，这是数据库中应存储的信息，但由于 X 不含码，这种 X 与 Y 相联系的信息可能由于码或码的一部分为空值而不能作为一个合法的元组在数据库中存在，这就是插入异常和删除异常的问题。如 STC 关系中的函数依赖学号→所在系（即一个学生只能属于一个系）是数据库中应存储的信息，但由于学号不是主码（只是主码的一部分），可能出现某个元组中不包含在该数据依赖中的主属性为空，从而造成该信息无法保存的情况。

可见，为了避免关系 STC 中的种种操作异常，必须消除所有非主属性对码的部分函数依赖，使其完全依赖于码。我们可能采用投影法，对关系模式 STC 进行分解，使其变成两个关系。

SC（学号，课程编号，成绩）

SGT（学号，所在系，系主任）

其中关系 SC 的主码是（学号，课程编号），关系 SGT 的主码是学号，而且两个关系中所有的非主属性都完全依赖于码，即消除了非主属性对码的部分函数依赖，如图 4-3 所示。

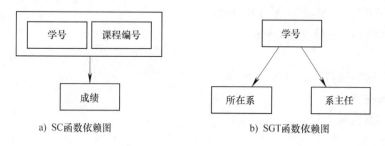

a) SC函数依赖图　　　　　　　b) SGT函数依赖图

图 4-3　STC 分解后的函数依赖图

此时，前面提到的操作异常也得到了一定程度的解决：

1）即使某学生未选课（课程编号为空值），其信息也可以保存到关系 SGT 中。

2）当删除学生的选课信息时，只会影响关系 SC，关系 SGT 不会受到影响，因此学生的信息可以继续保存。

3）由于学生选课和学生的基本情况是分开存储在两个关系中的，因此，无论某学生选修了多少门课程，所在系和系主任的值都只存储了一次，这就降低了数据冗余。

4）如果某学生从一个系转到另一个系，则只需要修改 SGT 关系中的所在系和系主任的值一次即可，不会再出现更新异常。

4.2.2　第二范式

定义 4.10　如果关系模式 R 满足第一范式，并且 R 的任何一个非主属性都完全函数依赖于 R 的任一个候选码，则 R 满足第二范式（2NF），记为 $R \in 2NF$。

2NF 就是不允许关系模式的属性之间有这样的函数依赖 $X \rightarrow Y$，其中 X 是某个候选码的真子集，Y 是非主属性。显然，码只包含一个属性的关系模式如果满足 1NF，那么它也一定满足 2NF。

上例中关系 SGT 和关系 SC 都满足 2NF，它们在一定程度上解决了原 1NF 关系中存在的插入异常、删除异常、数据冗余大及更新异常等问题，但并不能完全将上述问题消除，即满足 2NF 的关系模式也不一定是一个"好"的关系模式。如关系模式 SGT（学号，所在系，系主任）满足 2NF，但该关系模式还存在下列问题：

1）插入异常。如果某个系由于种种原因还没有学生，则无法将系的信息存入该关系中。因为若保存无学生的系信息，会出现学号为空值的元组，而学号是码，根据主属性不能为空的规则，这样的元组不能存在。

2）删除异常。如果某个系的学生全部毕业了，则在删除该系学生信息的同时，会把这个系的信息也删除了，即不保存学生信息则无法保存系信息，原因同上。

3）数据冗余大。如果某个系有多名学生，则系主任信息大量重复，造成数据冗余。

4）更新异常。如果某个系需要更换系主任，则由于系主任信息的重复存储，因此在修改时，必须更新该系所有学生的系主任的值。

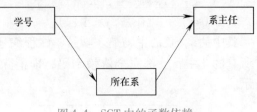

图 4-4　SGT 中的函数依赖

可见，关系 SGT 虽然满足 2NF，但也会出现操作异常。下面我们再分析关系 SGT 中存在的函数依赖关系，如图 4-4 所示。

SGT 中存在的函数依赖具体如下：

学号→所在系

所在系→系主任

所在系 $\not\to$ 学号

所在系 $\nrightarrow$ 学号

学号 $\xrightarrow{t}$ 系主任

关系 SGT 存在操作异常的原因是存在非主属性"系主任"对码"学号"的传递函数依赖。所以还需对关系 SGT 进行投影，将其分解为两个关系模式 SG 和 ST，消除非主属性对码的传递函数依赖。

SG（学号，所在系）

GT（所在系，系主任）

分解后，关系模式中既不存在非主属性对码的部分函数依赖，也不存在非主属性对码的传递函数依赖，如图 4-5 所示。

a) SG函数依赖图　　　　　　　　b) GT函数依赖图

图 4-5　SGT 分解后的函数依赖图

此时，在一定程度上解决了上述四个问题：

1）如果某个系没有学生，则可以将其保存在关系 GT 中。

2）如果某个系的学生全部毕业，则只是删除 SG 关系中的相应元组，GT 关系不受任何影响，其中相应系信息仍存在。

3）无论某个系有多少学生，其系主任信息只在 GT 中存在一次。

4）系更换系主任时，只需要修改 GT 关系中的一个相应元组的系主任值即可。

4.2.3　第三范式

定义 4.11　如果关系模式 R 满足 2NF，并且它的任何一个非主属性都不传递函数依赖于任何候选码，则称 R 满足第三范式（3NF），记为 $R \in 3NF$。

3NF 就是指在 2NF 的基础上消除了非主属性对码的传递函数依赖。

满足 3NF 的关系可以在一定程度上解决关系模式中的插入异常、删除异常、数据冗余大以及更新异常等问题，但仍不能完全消除。也就是说，满足 3NF 的关系模式也并不一定就是一个"好"的关系模式。

如关系模式 STJ（学号，教师编号，课程编号），假设每个教师只教一门课程，每门课程可以由若干个教师讲授，某一学生选定了某门课程，就确定了一个固定的教师。此关系模式中存在的函数依赖关系如图 4-6 所示。

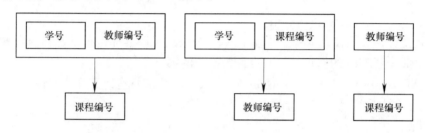

图 4-6　STJ 中的函数依赖

（学号，课程编号）——→教师编号

教师编号——→课程编号

（学号，教师编号）$\xrightarrow{P}$ 课程编号

此关系的候选码为（学号，教师编号）、（学号，课程编号），那么"学号"、"教师编号"、"课程编号"都是主属性。根据范式的有关定义，该关系模式中没有任何非主属性对码的部分函数依赖和传递函数依赖，因此 STJ 属于 3NF，但此关系模式中还存在以下问题：

1）插入异常。如果某个学生刚入学还没有选课，因主属性不能为空，即"课程编号"不能为空，则有关信息就不能保存到数据库中。

2）删除异常。删除选课信息时，也会将教师开设该门课程的信息删除。

3）数据冗余大。教师所教课程的信息重复存储，即每个选修该教师该门课程的学生元组都要记录这一信息。

4）更新异常。如果某个教师开设的某门课程编号修改了，则所有选修了该教师该门课程的学生元组都要进行相应修改。

关系模式 STJ 出现上述问题的原因在于主属性课程编号依赖于教师编号，即主属性部分函数依赖于码（学号，教师编号），要解决这一问题，仍可以采用投影法，将关系 STJ 分解为以下两个关系模式。

ST（学号，教师编号）

TJ（教师编号，课程编号）

显然，分解后的关系模式中没有任何属性对码的部分函数依赖和传递函数依赖。它解决了上述问题：

1）如果某个学生尚未选修课程，可以将其信息保存在关系 ST 中。

2）删除学生选修课程的信息，只涉及 ST 关系，不会影响 TJ 关系中相应教师开设该门课程的信息。

3）每个教师开设课程的信息只在 TJ 关系中存储一次。

4）某个教师开设的某门课程编号更改时，只需修改 TJ 关系中的一个相应元组即可。

4.2.4 Boyce-Codd 范式

定义 4.12 设关系模式 R 满足 1NF，其中 X、Y 是 R 中的属性（组），如果对于 R 的任何一个函数依赖 $X \rightarrow Y$，若 $Y \nsubseteq X$，则 X 必含有候选码，那么 R 满足 Boyce-Codd 范式（简称 BC 范式），记为 $R \in$ BCNF。

也就是说，在关系模式 R 中，若 R 的每一个决定属性集都包含候选码，则 $R \in$ BCNF。通常认为 BCNF 是 3NF 的修正，有时也称为扩充的第三范式。

由 BCNF 的定义可知，一个满足 BCNF 的关系模式应具有以下几个特性：

1）每个非主属性都是完全函数依赖于每个候选码。

2）所有的主属性都是完全函数依赖于每一个不包含它的候选码。

3）没有任何属性完全函数依赖于非候选码的任何一组属性。

4）若 $R \in$ BCNF，则 $R \in$ 3NF。若 $R \in$ 3NF，则 R 不一定属于 BCNF。

BCNF 是 3NF 的进一步规范化，即限制条件更为严格。3NF 中，对于 Y 是非主属性的非平凡函数依赖 $X \rightarrow Y$，允许有 X 不包含候选码的情况；而在 BCNF 中，不管 Y 是主属性还是非主属性，只要 X 不包含候选码，就不允许有 $X \rightarrow Y$ 这样的非平凡函数依赖，因此才会有上面提到的特性 4）。然而，BCNF 又是概念上更加简单的一种范式，判断一个关系模式是否属于 BCNF，只要考察每个非平凡函数依赖 $X \rightarrow Y$ 的决定因素 X 是否包含候选码就行了。

4.2.5 多值依赖与第四范式

在函数依赖的范畴内，如果一个关系数据库中的所有关系模式都属于 BCNF，已经实现了模式的彻底分解，达到了最高的规范化程度，那它就很完美了吗？不会出现任何操作异常了吗？下面举一个例子。

【例 4-5】 设学校中某一门课程由多个教师讲授，他们使用相同的一套参考书。可以用一个非规范化的关系模式 Teacher（C，T，B）来表示教师 T、课程 C 和参考书 B 之间的关系，如表 4-6 所示。

表 4-6 Teacher（一）

课程 C	教师 T	参考书 B
物理	李勇 王军	普通物理学 光学原理 物理习题集
数学	王强 张平	数学分析 微分方程 高等代数

把这张表变成一张规范化的二维表，如表4-7所示。

表4-7 Teacher（二）

课程 C	教师 T	参考书 B
物理	李勇	普通物理学
物理	李勇	光学原理
物理	李勇	物理习题集
物理	王军	普通物理学
物理	王军	光学原理
物理	王军	物理习题集
数学	王强	数学分析
数学	王强	微分方程
数学	王强	高等代数
数学	张平	数学分析
数学	张平	微分方程
数学	张平	高等代数

关系模式 Teacher（C，T，B）具有唯一的候选码（C，T，B），即全码。因此 Teacher ∈ BCNF。但 Teacher 模式中存在以下问题：

1）数据冗余大。每一门课程的参考书是固定的，但在 Teacher 关系中，一门课有多少名任课教师，参考书就要重复存储多少次，造成大量的数据冗余。同样地，每一门课程的授课教师也是固定的，一门课有多少参考书，任课教师的信息也要重复存储多少次。

2）插入复杂。当某一课程增加一名任课教师时，该课程有多少本参考书，就必须插入多少个元组。

3）删除复杂。某一门课程要去掉一本参考书，该课程有多少名授课教师，就必须删除多少个元组；对于某一门课程要取消某位教师任课时，该门课程有多少本参考书就要删除多少个元组。

4）更新复杂。某一门课程要修改一本参考书，该课程有多少名教师，就必须修改多少个元组；同样，要修改某一门课程的任课教师时，也存在类似问题。

满足 BCNF 的关系模式 Teacher 之所以会产生上述问题，是因为关系模式 Teacher 中存在一种新的数据依赖——多值依赖。

定义 4.13 有关系模式 $R(U)$，U 是属性集，其中 X、Y、Z 是 U 的子集，$Z = U - X - Y$。对于关系模式 $R(U)$ 的任一关系 r，给定一对 (x, z) 的值，就有一组 y 值与之相对应，而且这组 y 值只依赖于 x 值，而与 z 值无关，则称 Y 多值依赖于 X，记为 $X \rightarrow\rightarrow Y$。

多值依赖的形式化定义为

有关系模式 $R(U)$，X、Y、Z 是 U 的子集，$Z = U - X - Y$，r 是 R 的任意一个关系，t、s 是 r 的任意两个元组。如果 $t[X] = s[X]$，必有 r 的两个元组 u、v 存在，使得：

$$u[X] = v[X] = t[X] = s[X]$$
$$u[Y] = t[.Y]且 u[Z] = s[Z]$$
$$v[Y] = s[Y]且 v[Z] = t[Z]$$

则称 X 多值决定 Y，或 Y 多值依赖于 X。也就是说，如果 r 有两个元组在 X 属性上的值相等，则交换这两个元组在 Y 上的属性值，得到的两个新元组也必是 r 的元组，即多值依赖具有对称性。

在上面的关系模式 Teacher 中，（C，B）上的一个值对应一组 T 值，而且这种对应与 B 无关。例如对于表4-7中（C，B）上的一个值（物理，光学原理）对应一组 T 值 {李勇，王军}，对于（C，B）上的另一个值（物理，普通物理学），它对应的一组值仍是 {李勇，王军}。也就是说这组值仅仅取决于课程 C 的值，而与参考书 B 的值无关。因此一个 C 值对应多个 T 值，称 T 多值依赖于 C，即 C→→T。

定义 4.14 对于属性集 U 上的多值依赖 $X→→Y$，如果 $Y \subseteq Z$ 或者 $Z = U - X - Y = \Phi$，则称 $X→→Y$ 为平凡多值依赖；否则称 $X→→Y$ 为非平凡的多值依赖。

多值依赖具有下列性质：

1）多值依赖具有对称性。即若 $X→→Y$，则 $X→→Z$，其中 $Z = U - X - Y$。

例如，在关系模式 Teacher（C，T，B）中，可以发现 C→→T，根据多值依赖的对称性，必有 C→→B。

2）多值依赖具有传递性。即若 $X→→Y$，$Y→→Z$，则 $X→→Z - Y$。

3）函数依赖可以看做是多值依赖的特殊情况。即若 $X→Y$，则 $X→→Y$。因为当 $X→Y$ 时，对 X 的每一个值 x，Y 有一个确定的值 y 与之对应，所以 $X→→Y$。

4）若 $X→→Y$，$X→→Z$，则 $X→→YZ$。

5）若 $X→→Y$，$X→→Z$，则 $X→→Y \cap Z$。

6）若 $X→→Y$，$X→→Z$，则 $X→→Y - Z$，$X→→Z - Y$。

多值依赖与函数依赖相比，具有下面两个基本的区别：

1）多值依赖的有效性与属性集的范围有关。若 $X→→Y$ 在 U 上成立，则在 $W(XY \subseteq W \subseteq U)$ 上一定成立，其中 XY 表示 $X \cup Y$；反之则不然，即 $X→→Y$ 在 $W(W \subset U)$ 上成立，在 U 上并不一定成立。这是因为多值依赖的定义中不仅涉及属性组 X 和 Y，而且涉及 U 中其余属性 Z。

但是在关系模式 $R(U)$ 中函数依赖 $X→Y$ 的有效性仅决定于 X，Y 这两个属性集的值。只要在 $R(U)$ 的任何一个关系 r 中，$X→Y$ 均成立，则函数依赖在任何属性集 W（$XY \subseteq W \subseteq U$）上也都成立。

2）若函数依赖 $X→Y$ 在 $R(U)$ 上成立，则对于任何 $Y' \subset Y$ 均有 $X→Y'$ 成立。而多值依赖 $X→→Y$ 若在 $R(U)$ 上成立，却不能断言对于任何 $Y' \subset Y$ 有 $X→→Y'$ 成立。

定义 4.15 关系模式 $R(U) \in 1NF$，如果对于 R 的每个非平凡多值依赖 $X→→Y$，X 都含有候选码，则称 R 满足第四范式（4NF），记为 $R \in 4NF$。

根据定义，对于每一个非平凡多值依赖 $X→→Y$，X 都含有候选码，于是就有 $X→Y$。所以 4NF 所允许的非平凡多值依赖实际上是函数依赖。4NF 所不允许的是非平凡且非函数依赖的多值依赖。

显然，如果一个关系模式是4NF，则必为BCNF。

在本节中前面提到的关系模式 Teacher 中存在非平凡的多值依赖：课程 C→→教师 T，且 C 不是候选码，因此 Teacher 不属于4NF。这正是 Teacher 关系中数据冗余大，插入、删除、更新等操作复杂的根源。可以用投影法将 Teacher 分解为如下两个4NF的关系模式。

CT（<u>C</u>，<u>T</u>）

CB（<u>C</u>，<u>B</u>）

CT 中虽然有 C→→T，但这是平凡多值依赖，即 CT 中已不存在既非平凡也非函数依赖的多值依赖，所以 CT 属于4NF。同理，CB 也属于4NF。Teacher 关系模式中的问题在 CB、CT 中可以得到解决：

1）参考书只需要在 CB 关系中存储一次。

2）当某一课程增加一名任课教师时，只需要在 CT 关系中增加一个元组。

3）某一门课程要去掉一本参考书，只需要在 CB 关系中删除一个相应的元组。

函数依赖和多值依赖是两种最重要的数据依赖。人们还研究了其他数据依赖，如连接依赖和5NF，这里就不再讨论了。

4.3　关系模式规范化

通过前面的分析我们知道，规范化程度低的关系不一定能够很好地描述现实世界，可能会存在插入异常、删除异常、数据冗余大、更新异常等问题。解决的方法是通过投影，其将分解成多个关系模式，从而转换成高一级的范式。

我们把通过模式分解将一个属于低一级范式的关系模式转换为若干个与原关系模式等价的高一级范式的关系模式的过程叫做关系模式的规范化。

4.3.1　关系模式分解的步骤

规范化的基本思想就是逐步消除数据依赖中不合适的部分，使关系模型中的各种关系模式达到某种程度的"分离"，即采用"一事一地"的模式设计原则，让一个关系描述一个概念、一个实体或者实体间的一种联系，以解决关系模式中存在的种种操作异常。

关系模式规范化的步骤如图4-7所示。

1）对满足1NF的关系模型进行投影，消除原关系中所有非主属性对候选码的部分函数依赖，将满足1NF的关系模式转换为若干个满足2NF的关系模式。

2）对满足2NF的关系模型进行投影，消除原关系中所有非主属性对候选码的传递函数依赖，将满足2NF的关系模式转换为若干个满足3NF的关系模式。

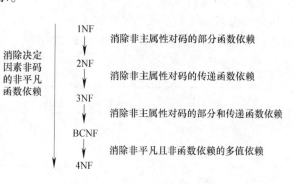

图4-7　关系模式规范化的步骤

3）对满足 3NF 的关系模式进行投影，消除原关系中所有主属性对候选码的部分函数依赖和传递函数依赖，将满足 3NF 的关系模式转换为若干个满足 BCNF 的关系模式。

以上三步可以合并为一步，即对原关系进行投影，消除决定属性不是候选码的任何函数依赖。若一个关系数据库中的关系模式都满足 BCNF，则在函数依赖的范畴内，已实现了分离，消除了插入异常、删除异常、数据冗余及更新异常等问题。

4）对满足 BCNF 的关系模式进行投影，消除原关系中非平凡且非函数依赖的多值依赖，将满足 BCNF 的关系模式转换为若干个满足 4NF 的关系模式。

规范化程度的高低是衡量一个关系模式好坏的标准之一，但不是唯一的标准。而且在实际设计中，并不是规范化程度越高越好，这取决于应用情况。因为对规范化程度高的关系模式进行查询时，可能要做更多的连接操作，会降低查询效率。

4.3.2 关系模式分解的等价标准

规范化的过程就是将一个关系模式分解成若干个与原关系模式等价的关系模式，常用的等价标准要求有三种：

① 分解是具有无损连接性的。

② 分解是保持函数依赖的。

③ 分解既要具有无损连接又要保持函数依赖。

将一个关系模式 $R(U, F)$ 分解成若干个关系模式 $R_1(U_1, F_1)$，$R_2(U_2, F_2)$，…，$R_n(U_n, F_n)$。其中 $U = U_1 \cup U_2 \cup \cdots \cup U_n$，$R_i$ 是 R 在 U_i 上的投影。这意味着相应地将存储在一张二维表 r 中的数据分散到若干个二维表 r_1，r_2，…，r_n 中存放（其中 r_i 是 r 在属性组 U_i 上的投影）。我们希望分解后的关系模式和原来的关系模式是等价的，也就是说，希望能够通过对关系 r_1，r_2，…，r_n 的自然连接重新得到关系 r 中的所有信息。

事实上，将关系 r 投影为 r_1，r_2，…，r_n 时，有可能会丢失信息，是因为对 r_1，r_2，…，r_n 进行自然连接时，可能会产生一些原来 r 中没有的元组，从而无法区别哪些元组是 r 中原来有的（即数据库中应该存在的数据），哪些元组是 r 中原来没有的（即数据库中不应该存在的数据），在这个意义上丢失了信息。

例如，设关系模式 S（学号，班级，所在系）在某一时刻的关系 r 如表 4-8 所示。如果按分解方案一将关系模型 S 分解为 S_{11}（学号，所在系）和 S_{12}（班级，所在系），则将 r 投影到 S_{11} 和 S_{12} 的属性上，得到关系 r_{11} 和关系 r_{12}，分别如表 4-9 和表 4-10 所示。

表 4-8 关系 r

学　　号	班　级	所　在　系
0001	1 班	工商管理系
0002	2 班	计算机系
0003	2 班	计算机系
0004	3 班	工商管理系

表 4-9 关系 r_{11}

学　　号	所 在 系
0001	工商管理系
0002	计算机系
0003	计算机系
0004	工商管理系

表 4-10 关系 r_{12}

班　　级	所 在 系
1 班	工商管理系
2 班	计算机系
3 班	工商管理系

对分解后的两个关系进行自然连接 $r_{11} \bowtie r_{12}$，得到关系 r_1 如表 4-11 所示。

表 4-11 关系 r_1

学　　号	班　　级	所 在 系
0001	1 班	工商管理系
0001	3 班	工商管理系
0002	2 班	计算机系
0003	2 班	计算机系
0004	1 班	工商管理系
0004	3 班	工商管理系

关系 r_1 中元组（0001，3 班，工商管理系）和（0004，1 班，工商管理系）都不是原来的 r 中的元组。就是说，我们无法准确地知道原来关系 r 中到底有哪些元组，这是我们不希望的，所以分解方案一造成了数据丢失。

定义 4.16 设关系模式 $R(U, F)$，分解为关系模式 $R_1(U_1, F_1)$，$R_2(U_2, F_2)$，…，$R_n(U_n, F_n)$，若对于 R 的任何一个可能的关系 r，都有 $r = r_1 \bowtie r_2 \cdots \bowtie r_n$，即关系 r 在 R_1，R_2，…，R_n 上的投影的自然连接等于关系 r，则称关系模式 R 的这个分解是具有无损连接性的。

上例中的分解方案一不具有无损连接性，不是一个"合理"、"等价"的分解方案。

让我们再考察第二种分解方案，将关系模式 S 分解为 S_{21}（学号，班级）和 S_{22}（学号，所在系）两个关系模式。通过对分解后的两个关系进行自然连接的方式可以证明分解方案二具有无损连接性。表 4-12 为将 r 投影到 S_{21} 属性上得到的关系 r_{21}，表 4-13 为将 r 投影到 S_{22} 属性上得到的关系 r_{22}，表 4-14 为关系 r_{21} 和 r_{22} 进行自然连接后的关系 r_2。

表 4-12 关系 r_{21}

学　号	班　级
0001	1 班
0002	2 班
0003	2 班
0004	3 班

表 4-13 关系 r_{22}

学　号	所 在 系
0001	工商管理系
0002	计算机系
0003	计算机系
0004	工商管理系

表 4-14 关系 r_2

学　号	班　级	所 在 系
0001	1 班	工商管理系
0002	2 班	计算机系
0003	2 班	计算机系
0004	3 班	工商管理系

可见，两个关系进行自然连接后得到的新的关系 r_2 与原关系 r 完全相同，所以说分解方案二具有无损连接性。

虽然分解方案二具有无损连接性，但也不是一个很好的分解方案。假设学号为 0003 的学生从计算机系的 2 班转到了工商管理系的 3 班，我们需要在 r_{21} 中将第三个元组修改为 （0003，3 班），同时在 r_{22} 中将第三个元组改为 （0003，工商管理系）。如果这两个修改没有同时完成，数据库中的数据就会不一致。

造成数据不一致的原因主要是因为分解得到的两个关系模式不是互相独立的。即 S 中的函数依赖班级→所在系既没有投影到关系模式 S_{21} 中，也没有投影到关系模式 S_{22} 中，而是跨在两个关系模式上。函数依赖是数据库中的完整性约束条件，在 r 中，若两个元组的班级值相等，则所在系值也必须相等。现在 r 的一个元组中的班级值和所在系值跨在两个不同的关系中，为维护数据库的一致性，在关系 r_{21} 中修改班级值时就需要相应地在另一个关系 r_{22} 中修改所在系的值，这当然是很麻烦而且容易出错的，于是我们要求模式分解保持函数依赖这条等价标准。

定义 4.17　当对关系模式 R 进行分解时，R 的函数依赖集也将按相应的模式进行分解。如果分解后总的函数依赖集与原函数依赖集保持一致，则称为保持函数依赖。

也就是说，分解前在原关系模式中存在的函数依赖在分解后得到的若干个关系模式中仍然能找得到，不会丢失，这就是保持函数依赖。

分解方案二不保持函数依赖，因为分解得到的关系模式中只有函数依赖学号→班级，丢失了函数依赖班级→所在系，因此不是一个"好"的分解方案。

模式分解保持函数依赖实际是要求分解为相互独立的投影。

分解方案一既不具有无损连接性，也没有保持函数依赖。它丢失了函数依赖学号→班级。

分解方案二具有无损连接性，但没有保持函数依赖，因为分解得到的关系模式中丢失了函数依赖班级→所在系。

下面我们考察第三种分解方案，将关系模式 S 分解为 S_{31}（学号，班级）和 S_{32}（班级，所在系），将关系 r 投影到 S_{31} 和 S_{32} 的属性上，得到关系 r_{31} 和关系 r_{32}，如表 4-15 和 4-16 所示。

表 4-15 关系 r_{31}

学　　号	班　　级
0001	1 班
0002	2 班
0003	2 班
0004	3 班

表 4-16 关系 r_{32}

班　　级	所　在　系
1 班	工商管理系
2 班	计算机系
3 班	工商管理系

对分解后的两个关系进行自然连接后，得到的关系 r_3 与 r 相同，如表 4-17 所示，说明该分解方案具有无损连接性。

表 4-17 关系 r_3

学　　号	班　　级	所　在　系
0001	1 班	工商管理系
0002	2 班	计算机系
0003	2 班	计算机系
0004	3 班	工商管理系

原关系模式中的函数依赖学号→班级，班级→所在系在分解后的两个关系模式中都有找到，所以分解方案三同时保持函数依赖。

4.4 函数依赖公理

前面介绍了关系模式分解的等价标准，实际上，在关系模式规范化过程中，判断模式分解是否等价是有一定算法的。而函数依赖公理就是模式分解算法的基础，它可以从已知的函数依赖中推导出其他的函数依赖。

1. 函数依赖的逻辑蕴涵

给定一个关系模式，只考虑给定的函数依赖是不够的。对于关系模式 $R(U, F)$，为了确定一个关系模式的码，就要从一组函数依赖求得蕴涵的函数依赖。

定义 4.18 设 F 是关系模式 $R(U)$ 的一个函数依赖集合，由 F 出发，可以证明其他某些函数依赖也成立，则称这些函数依赖被 F 逻辑蕴涵。

例如，设 $F = \{A \rightarrow B, B \rightarrow C\}$，则函数依赖 $A \rightarrow C$ 被 F 逻辑蕴涵，记为 $F| = A \rightarrow C$，即函数依赖集 F 逻辑蕴涵函数依赖 $A \rightarrow C$。

2. 函数依赖集合 F 的闭包 F^+

对于一个关系模式，如何由已知的函数依赖集合 F 找出其逻辑蕴涵的所有函数依赖集合呢？这就是下面要讨论的问题。

定义 4.19 设 F 为一个函数依赖集合，F 逻辑蕴涵的所有函数依赖集合称为 F 的闭包，F 的闭包记为 F^+。

例如，给定关系模式 $R(A, B, C, G, H, I)$，函数依赖集合 $F = \{A \rightarrow B, A \rightarrow C, CG \rightarrow H, CG \rightarrow I, B \rightarrow H\}$，可以证明函数依赖 $A \rightarrow H$ 被 F 逻辑蕴涵。

设有元组 s 和 t，满足 s[A] = t[A]，根据函数依赖的定义，由已知的 $A \rightarrow B$，可以推出 s[B] = t[B]。又根据函数依赖 $B \rightarrow H$，可以有 s[H] = t[H]。因此，已经证明对任意两个元组 s 和 t，只要有 s[A] = t[A]，就有 s[H] = t[H]。所以，函数依赖 $A \rightarrow H$ 被 F 逻辑蕴涵。

计算 F 的闭包 F^+，可以由函数依赖的定义直接推导计算。但是，当 F 很大时，计算的过程会很久。

3. Armstrong 公理

为了从已知的函数依赖推导出其他的函数依赖，Armstrong 提出了一套规则，称为 Armstrong 公理，通过反复使用这些规则，可以找出给定 F 的闭包 F^+。其推理规则可归结为如下三条：自反律、增广律和传递律。

设 U 为属性总体集合，F 为 U 上的一组函数依赖集合，对于关系模式 $R(U, F)$，X、Y、Z 为属性 U 的子集，有以下推理规则：

1）自反律：若 $Y \subseteq X \subseteq U$，则 $X \rightarrow Y$ 为 F 所蕴涵。

2）增广律：若 $X \rightarrow Y$ 为 F 所蕴涵，且 $Z \subseteq U$，则 $XZ \rightarrow YZ$ 为 F 所蕴涵。式中 XZ 和 YZ 是 $X \cup Z$ 和 $Y \cup Z$ 的简写。

3）传递律：若 $X \rightarrow Y$、$Y \rightarrow Z$ 为 F 所蕴涵，则 $X \rightarrow Z$ 为 F 所蕴涵。

由自反律所得到的函数依赖都是平凡函数依赖，自反律的使用并不依赖于 F，而只依赖于属性集合 U。

Armstrong 公理是有效的和完备的，可以利用该公理系统推导 F 的闭包 F^+，但是利用 Armstrong 公理直接计算 F^+ 很麻烦。根据自反律、增广律、传递律还可以得到其他规则，用于简化计算 F^+ 的工作。如下面扩展的三条推理规则：

1）合并规则：由 $X \rightarrow Y$, $X \rightarrow Z$，有 $X \rightarrow YZ$。

2）伪传递规则：由 $X{\rightarrow}Y$，$WY{\rightarrow}Z$，有 $XW{\rightarrow}Z$。

3）分解规则：由 $X{\rightarrow}Y$ 及 $Z{\subseteq}Y$，有 $X{\rightarrow}Z$。

根据合并规则和分解规则，很容易得到这样一个重要事实：$X{\rightarrow}A_1A{\cdots}A_k$ 成立的充分必要条件是 $X{\rightarrow}A_i$ 成立（$i = 1$，2，$\cdots$，k）。

4. 属性集的闭包

原则上讲，对于一个关系模式 $R(U，F)$，根据已知的函数依赖集合 F，反复使用推理规则，可以计算函数依赖集合 F 的闭包 F^+。但是，利用推理规则求出其全部的逻辑蕴含 F^+ 是非常困难的，而且也没有必要。因此，可以计算闭包的子集，即选择一个属性子集，判断该属性子集能函数决定哪些属性，这就是属性集闭包的概念。

定义 4.20　设 F 为属性集 U 上的一组函数依赖，$X{\subseteq}U$，$X_F^+ = \{A \mid X{\rightarrow}A$ 能由 F 根据 Armstrong 公理导出$\}$，X_F^+ 称为属性集 X 关于函数依赖集 F 的闭包。

计算属性集 X（$X{\subseteq}U$）关于 U 上的函数依赖集 F 的闭包 X_F^+ 的算法如下。

输入：X，F

输出：X_F^+

迭代算法的步骤如下所述：

① 选取 X_F^+ 的初始值为 X，即 $X_F^+ = \{X\}$。

② 计算 X_F^+，$X_F^+ = \{X{\cup}Z\}$，其中 Z 要满足如下条件：

对于任意 $Y{\subseteq}X_F^+$，且 F 中存在一函数依赖 $Y{\rightarrow}Z$，就把 Z 并到 X_F^+ 中。实际上就是以 X_F^+ 中的属性子集作为函数依赖的决定因素，在 F 中搜索函数依赖关系，找到函数依赖的被决定因素（属性组）Z 放到 X_F^+ 中。

③ 判断：如果把 X_F^+ 中所有子集的函数依赖都搜索一遍后，X_F^+ 没有变化或者 X_F^+ 等于 U，则 X_F^+ 就是所求的结果，算法终止。否则，转步骤②继续迭代查找。

因为 U 是有穷的，所以上述迭代过程经过有限步骤之后就会终止。

【例 4-6】　已知关系模式 R(U, F)，U = {A，B，C，D，E，G}，F = {AB$\rightarrow$C，D$\rightarrow$EG，C$\rightarrow$A，BE$\rightarrow$C，BC$\rightarrow$D，AC$\rightarrow$B，CE$\rightarrow$AG}，求 $(BD)_F^+$。

解：

① $(BD)_F^+ = \{BD\}$。

② 计算 $(BD)_F^+$，在 F 中扫描函数依赖，找其左边为 B、D 或 BD 的函数依赖，得到一个 D$\rightarrow$EG。所以，$(BD)_F^+ = \{(BD)_F^+{\cup}EG\} = \{BDEG\}$。由于 $(BD)_F^+$ 有变化但不等于 U，转③继续迭代。

③ 计算 $(BD)_F^+$，在 F 中查找左部为 BDEG 的所有函数依赖，有两个：D$\rightarrow$EG 和 BE$\rightarrow$C。所以，$(BD)_F^+ = \{(BD)_F^+{\cup}EGC\} = \{BCDEG\}$。由于 $(BD)_F^+$ 有变化但不等于 U，因此转④继续迭代。

④ 计算 $(BD)_F^+$，在 F 中查找左部为 BCDEG 子集的函数依赖，除去已经找过的以外，还有三个新的函数依赖：C$\rightarrow$A、BC$\rightarrow$D、CE$\rightarrow$AG。得到 $(BD)_F^+ = \{(BD)_F^+{\cup}ADG\} = \{ABCDEG\}$。

⑤ 判断，这时由于 $(BD)_F^+ = U$，算法结束，得到 $(BD)_F^+ = \{ABCDEG\}$。

$(BD)_F^+$ 计算的结果是 $(BD)_F^+ = \{ABCDEG\}$，说明 (BD) 是关系模式的一个候选码。这是因为由计算结果可知，(BD) 可以决定属性集合 $U = \{A, B, C, D, E, G\}$，所以，(BD) 是一个候选码。可见，通过计算某个属性集的闭包可以判断该属性集是否为关系模式的候选码。

5. Armstrong 公理系统的有效性和完备性

Armstrong 公理系统的有效性是指：由 F 出发根据 Armstrong 公理系统推导出来的每一个函数依赖一定是 F 所逻辑蕴涵的函数依赖。

Armstrong 公理系统的完备性是指：对于 F 所蕴涵的每一函数依赖，必定可以由 F 出发根据 Armstrong 公理系统推导出来。

4.5 小结

本章主要从函数依赖的概念入手，并结合函数依赖对关系模式的影响分析出范式的含义及具体要求，进而指出了关系模式规范化的步骤及原则。

总体来说本章的理论性较强，在学习时会有无从下手的感觉，因此在学习时需要多加思考，从概念出发去理解理论。前后的理论有较强的联系，因此要逐个理解，重点是函数依赖、范式的概念以及关系模式分解的步骤及原则。

习 题

一、单项选择题

1. 为了设计出性能较优的关系模式，必须进行规范化，规范化主要的理论依据是（　　）。

　A. 关系规范化理论　　　　B. 关系代数理论　　　　C. 数理逻辑　　　　　　D. 关系运算理论

2. 设学生关系 S(SNO, SNAME, SSEX, SAGE, SDPART) 的主码为 SNO，学生选课关系 SC（SNO, CNO, SCORE）的主码为 SNO 和 CNO，关系 R（SNO, CNO, SSEX, SAGE, SDPART, SCORE）的主码为 SNO 和 CNO，其满足（　　）。

　A. 1NF　　　　　　　　B. 2NF　　　　　　　　C. 3NF　　　　　　　　D. BCNF

3. 关系模式 R 中的属性全是主属性，则 R 的最高范式必定是（　　）。

　A. 1NF　　　　　　　　B. 2NF　　　　　　　　C. 3NF　　　　　　　　D. BCNF

4. 设有关系模式 W(C, P, S, G, T, R)，其中各属性的含义是：C 表示课程，P 表示教师，S 表示学生，G 表示成绩，T 表示时间，R 表示教室，根据语义有如下数据依赖集：D = { C→P，(S, C)→G，(T, R)→C，(T, P)→R，(T, S)→R }，若将关系模式 W 分解为三个关系模式 W1（C, P），W2(S, C, G)，W2(S, T, R, C)，则 W1 的规范化程序最高达到（　　）。

　A. 1NF　　　　　　　　B. 2NF　　　　　　　　C. 3NF　　　　　　　　D. BCNF

5. 在关系规范式中，分解关系的基本原则是（　　）。

　Ⅰ. 实现无损连接

　Ⅱ. 分解后的关系相互独立

　Ⅲ. 保持原有的依赖关系

　A. Ⅰ和Ⅱ　　　　　　　B. Ⅰ和Ⅲ　　　　　　　C. Ⅰ　　　　　　　　　D. Ⅱ

6. 任何一个满足 2NF 但不满足 3NF 的关系模式都存在（　　）。

A. 主属性对码的部分依赖　　　　　　　　B. 非主属性对码的部分依赖

C. 主属性对码的传递依赖　　　　　　　　D. 非主属性对码的传递依赖

7. 关系的规范化中，各个范式之间的关系是（　　）。

A. $1NF \subset 2NF \subset 3NF$ 　　　　　　　　B. $3NF \subset 2NF \subset 1NF$

C. $1NF = 2NF = 3NF$ 　　　　　　　　D. $1NF \subset 2NF \subset BCNF \subset 3NF$

8. 下列关于函数依赖的叙述中，哪一条是不正确的（　　）。

A. 由 $X \rightarrow Y$，$Y \rightarrow Z$，则 $X \rightarrow YZ$ 　　　　B. 由 $X \rightarrow YZ$，则 $X \rightarrow Y$，$Y \rightarrow Z$

C. 由 $X \rightarrow Y$，$WY \rightarrow Z$，则 $XW \rightarrow Z$ 　　　　D. 由 $X \rightarrow Y$，$Z \in Y$，则 $X \rightarrow Z$

9. 关系数据库的规范化理论指出：关系数据库中的关系应该满足一定的要求，最起码的要求是达到 1NF，即满足（　　）。

A. 每个非主码属性都完全依赖于主码属性

B. 主码属性唯一标识关系中的元组

C. 关系中的元组不可重复

D. 每个属性都是不可分解的

10. 根据关系数据库规范化理论，关系数据库中的关系要满足第一范式，部门（部门号，部门名，部门成员，部门总经理）关系中，因哪个属性而使它不满足第一范式（　　）。

A. 部门总经理　　　　　B. 部门成员　　　　　C. 部门名　　　　　D. 部门号

二、简答题

1. 关系规范化理论对数据库设计有什么指导意义？

2. 关系规范化中的操作异常有哪些？它是由什么引起的？解决的办法是什么？

3. 什么是部分函数依赖？什么是传递函数依赖？

4. 有下表所示的项目表，判断其是否满足第二范式的条件，并说明理由。

项 目 代 码	职 员 代 码	部　　门	累计工作时间
X21	Z2021	财务部	50
X21	Z1010	信息部	30
X42	Z1015	信息部	NULL
X42	Z3031	采购部	80
X15	Z3035	采购部	45
X21	Z1018	信息部	38

三、综合题

设关系模式 $R(A, B, C, D, E, F)$，函数依赖集 $F = \{AB \rightarrow E, AC \rightarrow F, AD \rightarrow B, B \rightarrow C, C \rightarrow D\}$。证明 AB、AC、AD 均是候选码。

第 5 章

数据库设计

人们在总结信息资源开发、管理和服务的各种手段时，认为最有效的是数据库技术。数据库的应用已越来越广泛。小型的单项事务处理系统、大型复杂的信息系统大都用先进的数据库技术来保持系统数据的整体性、完整性和共享性。目前，一个国家的数据库建设规模（指数据库的个数、种类）、数据库信息量的大小和使用频度的高低已成为衡量这个国家信息化程度的重要标志之一。

本章主要介绍数据库设计的理论和方法。

5.1　数据库设计概述

数据库设计是指根据用户需求研究数据库结构并应用数据库的过程。具体地说，数据库设计是指对于一个给定的应用环境，构造最优的数据库模式，创建数据库并建立其应用系统，使之能够有效地存储数据，满足用户的信息要求和处理要求。也就是把现实世界中的数据，根据各种应用处理的要求，加以合理地组织，使之能满足硬件和操作系统的特性，利用已有的 DBMS 来创建能够实现系统目标的数据库。数据库设计的优劣将直接影响到信息系统的质量和运行效果。因此，设计一个结构优化的数据库是对数据进行有效管理的前提和正确利用信息的保证。

数据库设计的内容包括数据库的结构设计和数据库的行为设计两个方面。

数据库的结构设计是指根据给定的应用环境，进行数据库的模式设计或子模式的设计，它包括数据库的概念设计、逻辑设计和物理设计，即设计数据库框架或数据库结构。数据库是静态的、稳定的，一经形成后在通常情况下是不容易也不需要改变的，可见结构设计又称为静态模式设计。

数据库的行为设计是指数据库用户的行为和动作。在数据库系统中，用户的行为和动作指用户对数据库的操作，这些要通过应用程序来实现，可见数据库的行为设计就是操作数据库的应用程序的设计，即设计应用程序、事务处理等。行为设计是动态的，行为设计又称为动态模式设计。

5.1.1　数据库设计的原则

数据库是应用系统的核心，一个应用系统能否受到用户的欢迎，数据库设计的好坏是一个重要的方面。"三分技术、七分管理、十二分数据"是数据库建设的基本规律，可以看出数据的有效管理与组织对数据库应用系统的重要性。一个好的数据库设计应当遵循如下的基本原则：

（1）数据库的逻辑结构应易于理解，合乎大多数用户的习惯

各行各业都有自己对数据结构的理解习惯，数据库设计者要充分考虑到这一点，不能从自己的主观愿望出发，强制用户改变自己的习惯，特别是对于原来已经比较定型的一些领域，如财务管理等。当然，对用户观点做适当的调整是允许的，也是必要的，但一定要取得用户理解，为用户所乐于接受。

（2）设计的数据库应具有较小的冗余度，以节省存储空间

数据库中的数据应协调一致，没有语义或值的冲突，能保持数据的一致性。

（3）存取效率高，根据用户的操作特性采取合理的存取结构

其他还有灵活性、易于维护修改、便于安全保密等项要求。但是对于具体应用问题来说重点应当有所不同。对多数用户来说，上述第一项是必须充分考虑的，第二、第三项可有所侧重；对于存储容量小的机器来说，如多数微型机，应强调存储空间的利用率；而对于有些实时性要求高的应用问题来说，则应重点考虑存取效率。任何一个设计也不可能把所有的要求都照顾到，只能在诸项指标中做出折中。

5.1.2　数据库设计方法

数据库设计方法的选择直接关系到数据库应用系统的质量和运行时维护的效率，从设计过程形式化的程度来看，数据库设计方法可分为三大类：手工试凑法、规范化设计法、计算机辅助设计法。

1. 手工试凑法

手工试凑法也称为直观设计法。在过去相当长的一段时期内，数据库设计主要采用手工试凑法，使用这种方法与设计人员的经验和水平有直接关系，它使数据库设计成为一种艺术而不是工程技术，缺乏科学理论和工程方法的支持，数据库的质量难以保证，常常是数据库运行一段时间后又不同程度地发现各种问题，再进行修改，增加了系统维护的代价和成本。

手工试凑法一般应用于小型的数据库系统设计中。

2. 规范化设计方法

1978 年 10 月来自 30 多个国家的数据库专家在美国新奥尔良（New Orleans）市专门谈论了数据库设计问题，他们运用软件工程的思想和方法，提出了数据库设计的规范，即著名的新奥尔良法。

新奥尔良法将数据库设计分为四个阶段：需求分析（分析用户需求）、概念设计（信息分析和定义）、逻辑设计（设计实现）和物理设计（物理数据库设计）。

常用的规范设计法大多起源于新奥尔良法，下面介绍几种常用的规范设计方法。

（1）基于 E-R 模型的数据库设计方法

基于 E-R 模型的数据库设计方法是由 P. P. S. chen 于 1976 年提出的数据库设计方法。其基本思想是：在需求分析的基础上，用 E-R 图构造一个反映现实世界实体之间联系的企业模式转换成基于某一特定 DBMS 的概念模式。

（2）基于 3NF（第三范式）的数据库设计方法

基于 3NF（第三范式）的数据库设计方法是由 S·Atre 提出的结构化设计方法，其基

本思想是：在需求分析的基础上，确定数据库模式中的全部属性和属性间的依赖关系，将它们组织在一个单一的关系模式中，然后再分析模式中不符合 3NF 的约束条件，将其进行投影分解，规范成若干个 3NF 关系模式的集合。具体步骤如下：

① 设计企业模式，利用规范化得到的 3NF 关系模式画出企业模式。

② 设计数据库的概念模式，把企业模式转换成 DBMS 所能接受的概念模式，并根据概念模式导出各个应用的外模式。

③ 设计数据库的物理模式（存储模式）。

④ 对物理模式进行评价。

⑤ 数据库实现。

（3）基于视图的数据库设计方法

基于视图的数据库设计方法先从分析各个应用的数据着手，其基本思想是为每个应用建立自己的视图，然后再把这些视图汇总起来合并成整个数据库的概念模式。合并过程中要解决以下问题：

① 消除命名冲突。

② 消除冗余的实体和联系。

③ 进行模式重构，在消除了命名冲突和冗余后，需要对整个汇总模式进行调整，使其满足全部完整性约束条件。

注意：规范化设计法从本质上来说仍然是手工设计方法，其基本思想是过程迭代和逐步求精。

3. 计算机辅助设计方法

计算机辅助设计方法是在数据库设计的某些过程中模拟某一规范化设计的方法，并以人的知识或经验为主导，通过人机交互方式实现设计中的某些部分或全部。该方法是利用一些专门的软件工具来支持数据库设计过程，这些工具统称（计算机辅助软件工程 Computer Aided Software Engineering CASE）。早期的工具只能支持数据库设计的某一阶段，数据库工作者和数据库厂商一直在研究和开发数据库设计工具，近十年来，市场已出现了一些支持（几乎）整个数据库生命周期的大型商品化工具，如：SYSBASE 公司的 PowerDesigner（本章在后面介绍其使用方法）、Oracle 公司的 Design、CA 公司的 ERWin、Rational 公司的 Rational Rose、Microsoft 公司的 Visio，如表 5-1 所示。

表 5-1　常见的数据库辅助设计工具

产　品	功　能	公　司
PowerDesigner	支持数据库建模和应用开发且不一定要求 Sybase 数据库环境	Sybase
Designer	分析设计工具，支持数据库设计的各个阶段，常和应用开发工具一起使用。需要 Oracle 数据库环境	Oracle
ER Win	支持数据库设计的各个阶段，还支持事务和数据仓库设计	Computer Associates
Visio、Database Designer	Visio 是图形工具集，提供了设计 E-R 图的工具。Database Designer 是一个嵌入在 SQL Server 和 Access 中的图形工具。所建立的图称为 Database Diagram——这种图不是 E-R 图，它实际上是数据库逻辑模式的图形化	Microsoft

5.2　数据库设计步骤

　　数据库设计是一种特定的软件系统设计，设计的过程具有一定的规律和标准。在设计过程中，通常采用"分阶段法"，即"自顶向下，逐步求精"的设计原则，将数据库设计过程分解为若干相互依存的阶段，每一阶段采用不同的技术和工具来解决不同的问题，从而将一个大的问题局部化，减少局部问题对整体设计的影响及依赖，并利于多个合作。

　　按照规范化设计方法的基本理论，考虑数据库及其应用系统开发全过程，一般将数据库设计划分为以下六个阶段（如图 5-1 所示）：

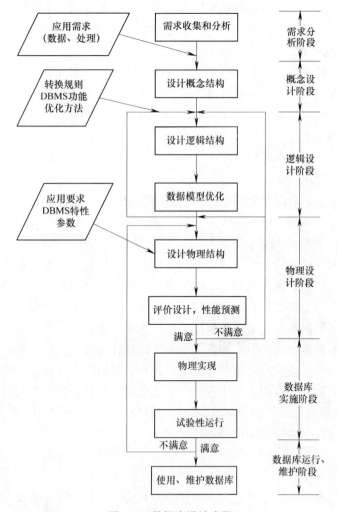

图 5-1　数据库设计步骤

1. 需求分析

　　进行数据库设计首先必须准确了解和分析用户的需求（包括数据与处理）。需求分析是整个设计过程的基础，是最困难、最耗时间的一步。作为地基的需求分析做得是否充分与准确，决定了在其上构建数据库大厦的速度与质量。需求分析做得不好，可能会导致整个数据库设计返工重做。

2. 概念结构设计

概念结构设计是整个数据库设计的关键，它通过对用户的需求进行综合、归纳与抽象，形成一个独立于具体 DBMS 的概念模型。

3. 逻辑结构设计

逻辑结构设计是指将概念模型转换成某个 DBMS 所支持的数据模型，并对其进行优化。

4. 物理结构设计

数据库物理设计是指为逻辑数据模型选取一个最适合应用环境的物理结构（包括存储结构和存取方法）。

5. 数据库实施

在数据库实施阶段，设计人员运用 DBMS 提供的数据语言（例如 SQL）及其宿主语言（例如 C），根据逻辑设计和物理设计的结果创建数据库，编制与调试应用程序，组织数据入库，并进行试运行。

6. 数据库运行和维护

数据库运行与维护是指对数据库应用系统正式投入运行。在数据库系统运行过程中必须不断地对其进行评价、调整与修改。

在数据库设计中，前两个阶段是面向用户的应用需求，面向具体的问题；中间两个阶段是面向数据库管理系统；最后两个阶段是面向具体的实现方法。前四个阶段可统称为"分析和设计阶段"，后面两个阶段统称为"实现和运行阶段"。

在进行数据库设计之前，必须选择参加设计的人员，包括系统分析人员、数据库设计人员和程序员、用户和数据库管理员。系统分析人员和数据库设计人员是数据库设计的核心人员，他们将自始至终参加数据库的设计，他们的水平决定了数据库系统的质量。用户和数据库管理员在数据库设计中也是举足轻重的人物，他们主要参加需求分析和数据库的运行维护，他们的积极参与不但能加快数据库的设计，而且是决定数据库设计质量的重要因素。程序员则是在系统实施阶段参与进来，分别负责编写程序和配置软硬件环境。

如果所设计的数据库应用系统比较复杂，还应该考虑是否需要使用数据库设计工具和 CASE 工具以提高数据库设计质量并减少设计工作量，以及考虑选用何种工具。

下面分别介绍各个阶段的工作。

5.2.1 需求分析阶段

简单地说，需求分析就是分析用户的要求。在需求分析阶段，系统分析员将分析结果用数据流程图和数据字典表示。需求分析的结果是否能够准确地反映用户的实际要求，将直接影响到后面各个阶段的设计，并影响到系统的设计是否合理和实用。

1. 需求分析的任务

需求分析的任务是对现实世界要处理的对象（组织、部门、企业等）进行详细调查，在充分了解原系统（手工系统或计算机系统）的工作概况、明确用户的各种需求的基础上，确定新系统的功能。数据库设计必须要满足用户的需求，但同时也要充分考虑到系统的扩充和改变，增强数据库系统的灵活性。

需求分析是通过各种调查方式进行调查和分析，逐步明确用户需求，主要包括数据需求和对这些数据的业务处理需求。需求分析与一般管理信息系统中的系统分析基本上是一致的。在需求分析中，调查的重点是"数据"和"处理"，通过调查、收集与分析，获得用户对数据库的如下要求：

（1）信息要求

信息要求是指用户需要从数据库中获得信息的内容与性质。由用户的信息要求可以导出数据要求，即在数据库中需要存储哪些数据。

（2）处理要求

处理要求是指用户要求完成什么处理功能，对处理的响应时间有什么要求，处理方式是批处理还是联机处理。例如，某数据库应用系统中存在用户注册这项功能，在处理用户名称是否重复时，应明确需要与哪些表中的相应数据进行核对，如果用户名称出现重复如何返回给用户信息、返回什么样的信息等。

（3）安全性与完整性要求

确定用户的最终需求其实是一件很困难的事情，这是因为一方面用户在与数据库设计人员进行交流时，经常会改变某些想法，需求不断发生改变；另一方面数据库设计人员缺乏用户的业务知识，不易理解用户的真正需求，甚至可能会误解用户的需求。此外新的硬件、软件技术的出现也会使用户需求发生变化。只有两者加强交流，互相沟通，才能够较好地完成需求分析。

2. 需求分析的方法

要进行需求分析，应当先对用户进行充分地调查，弄清楚他们的实际要求，然后再分析和表达这些需求。在调查过程中，可以根据不同的问题和条件，使用不同的调查方法。常用的调查方法有如下几个：

1）跟班作业。通过亲身参加业务工作来了解业务活动的情况，这种方法可以比较准确地了解用户的需求，特别适合于设计人员对用户的复杂业务操作，但这种方法比较浪费时间。

2）开调查会。通过与用户座谈来了解业务活动的情况及用户需求。座谈时，参加者和用户之间可以相互启发。

3）请专人介绍。请每个业务的主管人员或者是负责人来介绍业务情况。

4）询问。调查中不明白的问题可以找专人进行询问，以解决问题。

5）设计调查表请用户填写。无论大型系统还是小型系统，数据库设计都有一定的规律可循，在设计人员了解全部业务或者部分业务的基础之上，可以根据设计人员的经验设计一些调查表（如系统某一项业务涉及的人员、业务的功能、处理的方法、信息的查询与反馈等），请用户填写。这种方法比较容易被用户接受，若调查表设计得合理，可以有效地解决需求分析的任务。

6）查阅记录。查阅与原系统有关的数据记录和文档资料。

在需求调查过程中，一般需要将上述方法进行综合使用，并使用户积极参与配合，才能达到最终的效果。

3. 需求分析的步骤

调查用户需求的具体步骤是

（1）了解现实世界的组织机构情况

在需求分析时，要对管理对象所涉及的行政组织结构进行了解，弄清所设计的数据库系统与哪些部门相关，这些部门以及下属各个单位的联系和职责是什么。

（2）了解相关部门的业务活动情况

弄清了与数据库系统相关的部门后，就要深入到这些部门了解它们的业务活动情况。通过调查，需要掌握的信息是：各部门需要输入和使用什么数据；在部门中是如何加工处理这些数据的；各部门需要输出什么信息；输出到什么部门；输出数据的格式是什么。

（3）确定新系统的边界

对前面调查结果进行初步分析后，要确定出数据库系统的边界：哪些功能现在就由计算机完成；哪些功能将来准备让计算机完成；哪些功能或活动由人工完成。由计算机完成的功能就是新系统应该实现的功能。

4. 需求分析文档

需求分析的根本目的是了解用户的需求，需求分析的最终结果就是系统要实现的功能，新系统在实现每一部分功能时，一般来说要有个先后顺序，即哪一部分功能先执行、哪一部分后执行、每种功能之间的数据联系如何。需求分析的结果应以文档的形式保留下来，在需求文档中包括用户需求的所有内容，对于数据库设计人员来说，系统的数据流程图和数据字典是必不可少的。

（1）数据流程图

数据流程记录了系统在实现每一部分功能时数据的流动方向和处理过程，为了便于数据库设计人员理解数据的流向，一般将数据流程用图形表示，称为数据流程图（Data Flow Diagram DFD）。

数据流程图就是组织中信息运动的抽象，是信息逻辑系统模型的主要形式。这个模型不涉及硬件、软件、数据结构与文件组织，它与对系统的物理描述无关，只是用一种图形及与此相关的注释来表示系统的逻辑功能，即所开发的系统在信息处理方面要做什么。由于图形描述简明、清晰，不涉及技术细节，所描述的内容是面向用户的，所以即使完全不懂信息技术的用户单位的人员也容易理解。显然数据流程图是系统分析人员与用户之间进行交流的有效手段，也是系统设计（即建立所开发的系统的物理数据模型）的主要依据之一。

数据流程图的符号说明如图5-2所示。

下面是对数据流图的基本符号的定义并且加以说明：

1）数据流。它由一组确定的数据组成。数据流用带名字的箭头表示，名字表示流经的数据，箭头则表示流向。例如，"成绩单"数据流由学生名、课程名、学

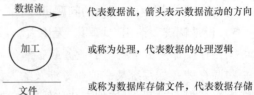

图5-2　数据流程图的基本符号

期、成绩等数据组成。

2）加工。加工是对数据进行的操作或处理。加工包括两方面的内容：一是变换数据的组成，即改变数据结构；二是在原有的数据内容基础上增加新的内容，形成新的数据。例如，在学生成绩管理系统中，"选课"是一个加工，它把学生信息和开设的课程信息进行处理后生成学生的选课清单。

3）文件。文件是数据暂时存储或永久保存的地方。如学生表、课程表。

4）外部实体。外部实体是指独立于系统而存在的，但又和系统有联系的实体，它表示数据的外部来源和最后去向。确定系统与外部环境之间的界限，从而可确定系统的范围。外部实体可以是某种人员、组织、系统或某事物。例如，在学生学习成绩管理系统中，家长可以作为外部实体存在，因为家长不是该系统要研究的实体，但他可以查询本系统中有关学生的成绩。

构造 DFD 的目的是使系统分析人员与用户进行明确的交流，指导系统设计，并为下一阶段的工作打下基础。所以 DFD 既要简单，又要容易被理解。

图 5-3 是成绩管理系统的数据流程图（部分）。

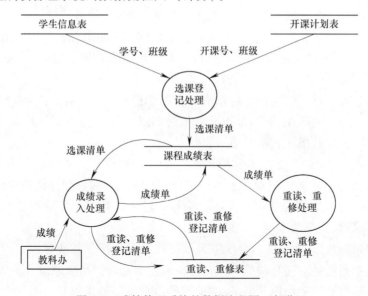

图 5-3　成绩管理系统的数据流程图（部分）

（2）数据字典

数据字典是系统中各类数据描述的集合，它以特定的格式记录系统中的各种数据、数据元素以及它们的名称、性质、意义及各类约束条件，也包括系统中用到的常量、变量、数组和其他数据单位的重要文档。

数据流程图表达了数据与处理之间的关系，数据字典产生于数据流程图，是对系统中数据的一种描述方式，是进行详细的数据收集和数据分析所获得的主要成果，数据字典在数据库设计中占有很重要的地位。

数据字典通常包括数据项、数据结构、数据流、数据存储和处理过程五个部分。其中数据项是数据的最小组成单位，若干个数据项可以组成一个数据结构，数据字典通过对数据项和数据结构的定义来描述数据流、数据存储的逻辑内容。

下面是对数据字典的五个部分的定义并且加以说明：

1）数据项。数据项是不可再分的数据单位，对其进行描述的一般格式为

数据项描述＝｛数据项名，数据项含义说明，别名，数据类型，长度，取值范围，取值含义，与其他数据项的逻辑关系，数据项之间的联系｝

其中"取值范围"、"与其他数据项的逻辑关系"（例如该数据项等于另几个数据项的和、该数据项值等于另一数据项的值等）定义了数据完整性约束条件，是设计数据检验功能的依据。

可以用关系规范化理论为指导，用数据依赖的概念分析和表示数据项之间的联系。即按实际语义，写出每个数据项之间的数据依赖，它们是数据库逻辑设计阶段数据模型优化的依据。

2）数据结构。数据结构反映了数据之间的组合关系，一个数据结构可以由若干个数据项组成，也可以由若干个数据结构组成，或由若干个数据项和数据结构混合组成。对数据结构的描述通常格式如下：

数据结构描述＝｛数据结构名，含义说明，组成：｛数据项或数据结构｝｝

3）数据流。数据流是数据结构在系统内传输的路径。对数据流描述的格式通常为

数据流描述＝｛数据流名，说明，数据流来源，数据流去向，组成：｛数据结构｝，平均流量，高峰期流量｝

其中："数据流来源"是说明该数据流来自哪个过程。"数据流去向"是说明该数据流将到哪个过程去。"平均流量"是指在单位时间（每天、每周、每月等）里的传输次数。"高峰期流量"则是指在高峰时期的数据流量。

4）数据存储。数据存储是数据结构停留或保存的地方，也是数据流的来源和去向之一，它可以是手工文档或手工凭单，也可以是计算机文档。对数据存储描述的格式通常为

数据存储描述＝｛数据存储名，说明，编号，输入的数据流，输出的数据流，组成：｛数据结构｝，数据量，存取频度，存取方式｝

其中："存取频度"是指每小时或每天或每周存取几次、每次存取多少数据等信息，"存取方式"包括是批处理还是联机处理；是检索还是更新；是顺序检索还是随机检索等。另外，"输入的数据流"要指出其来源，"输出的数据流"要指出其去向。

5）处理过程。说明数据处理的逻辑关系，即输入和输出之间的逻辑关系，同时也要说明数据处理的触发条件、错误处理等问题。对处理过程描述的格式通常为

处理过程描述＝｛处理过程名，说明，输入：｛数据流｝，输出：｛数据流｝，处理：｛简要说明｝｝

其中："简要说明"中主要说明该处理过程的功能及处理要求，可以根据处理的特点进行一定的扩充，以满足实际的需要。功能是指该处理过程用来做什么（而不是怎么做），处理要求包括处理频度要求，如单位时间里处理多少事务，多少数据量，响应时间要求等。这些处理要求是后面物理设计的输入及性能评价的标准。

数据字典是关于数据库中数据的描述，即元数据，而不是数据本身。数据本身将存放在物理数据库中，由数据库管理员系统管理。数据字典有助于这些数据的进一步管理

和控制，为设计人员和数据库管理员在数据库设计、实现和运行阶段控制有关数据提供依据。

数据字典是在需求分析阶段建立，并且在数据库设计过程中不断进行修改、充实和完善的。

需求分析阶段收集到的基础数据用数据字典和一组数据流程图来表达，它们是下一步进行概念设计的基础。数据字典能够对系统数据的各个层次和各个方面精确和详尽地描述，并且把数据和处理有机地结合起来，可以使概念结构的设计变得相对容易。

下面以成绩管理系统数据流程图中几个元素的定义来加以说明。

- 数据项名：成绩

  说明：课程考核的分数值

  别名：分数

  数据类型：数值型，带一位小数

  取值范围：0 ~ 100

- 数据结构名：成绩单

  别名：考试成绩

  描述：学生每学期考试成绩单

  定义：成绩清单 = 学生号 + 课程号 + 学期 + 考试成绩

- 处理过程：选课登记处理

  输入数据流：学期、学生号、课程号

  输出数据流：选课清单

  说明：把选课学生的学生号、所处的学期号、所选的课程号记录在数据库中

- 数据存储名：学生信息表

  说明：用来记录学生的基本情况

  组成：记录学生各种情况的数据项，如学生号、姓名、性别、专业、班级等

  流入的数据流：提供各项数据的显示，提取学生的信息

  流出的数据流：对学生情况的修改、增加或删除

关于需求分析，最后还要强调两点：

① 需求分析阶段一定要收集将来应用所涉及的数据。如果设计人员仅仅按当前应用来设计数据库，以后再想加入新的实体集，新的数据项和实体间的联系就会十分困难。新数据的加入不仅会影响数据库的概念结构，而且将影响逻辑结构和物理结构。设计人员必须充分考虑到可能的扩充和改变，使设计易于更动。收集将来应用所涉及的数据是需求分析阶段的一个重要而困难的任务。

② 需求分析必须要有用户参与。数据库应用系统和用户有着密切的联系，许多人要使用数据库，数据库的建立会对更多人产生重要影响。在数据分析阶段，任何调查研究没有用户的积极参与是寸步难行的，设计人员应该和用户取得共同的语言，帮助不熟悉计算机的用户建立数据库环境下的共同概念，并对设计工作的最后结果承担共同的责任。因此，用户的参与是设计数据库不可缺少的环节。

5.2.2 概念结构设计阶段

在需求分析阶段，数据库设计人员充分调查并描述了用户的应用需求，但这些应用需求还是现实世界的具体需求，我们应该首先把他们抽象为信息世界的结构，才能更好地、更准确地用某一个DBMS来实现用户的这些需求。将需求分析得到的用户需求抽象为信息结构即概念模型的过程就是概念结构设计。

概念结构独立于数据库逻辑结构，也独立于支持数据库的DBMS。它是现实世界与机器世界的中介，它一方面能够充分反映现实世界，包括实体和实体之间的联系，另一方面又易于向关系、网状、层次等各种数据模型转换。它是现实世界的一个真实模型，易于理解，便于和不熟悉计算机的用户交换意见，使用户易于参与。当现实世界需求改变时，概念结构又可以很容易地做相应调整。因此概念结构设计是整个数据库设计的关键所在。

1. 概念结构的特点

概念结构设计的目标是反映系统信息需求的数据库概念结构，概念结构独立于DBMS和使用的硬件，在这一阶段，数据库设计人员要从用户的角度来看待数据以及数据处理的要求和约束，产生一个反映用户观点的概念模式，然后再将概念模式转换成逻辑模式。因此概念结构模型具有以下几个特点：

1）语义表达能力丰富。概念结构模型能准确地表达用户的需求，反映系统中各个部分之间复杂的联系和用户处理信息时所用的数据。

2）易于交流。概念结构模型是系统用户和数据库设计人员的主要交流工具，既能被数据库设计人员读懂，也能够为不懂计算机专业知识的广大用户识别，并据此与数据库设计人员进行意见的交流。

3）易于修改。当应用环境和应用要求改变时，容易对概念模型修改和扩充，以使数据库适应新的变化和发展。

4）易于转换。概念结构模型设计的最终目的是实现应用系统的数据库设计，因此概念结构模型易于向关系、网状、层次和面向对象等各种数据模型转换。

概念结构是各种数据模型的共同基础，它比数据模型更独立于机器、更抽象，从而更加稳定。

描述概念模型的有力工具是E-R模型。有关E-R模型的基本概念已在第1章介绍。下面将用E-R模型来描述概念结构。

2. 概念结构设计的方法

概念模型是数据模型的前身，它比数据模型更独立于机器，更抽象，也更加稳定。概念结构设计通常有四种方法：

1）自顶向下的设计方法。该方法首先定义全局概念结构的框架，然后逐步细化为完整的全局逻辑结构，如图5-4所示。

2）自底向上的设计方法。即首先定义各局部应用的概念结构，然后将它们集成起来，进而得到全局概念结构的设计方法，如图5-5所示。

3）逐步扩张的设计方法。此方法首先定义最重要的核心概念结构，然后向外扩充，

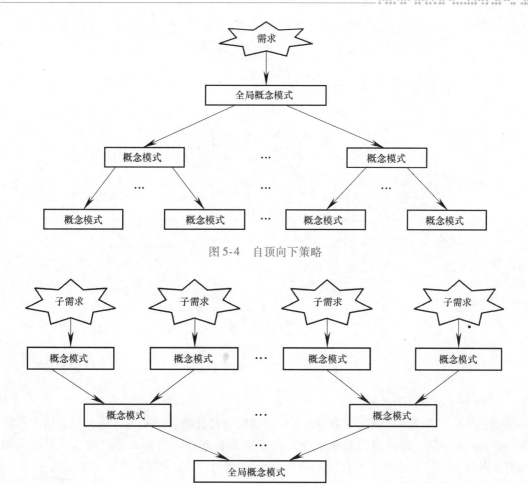

图 5-4　自顶向下策略

图 5-5　自底向上策略

以滚雪球的方式逐步生成其他概念结构，直至完成总体概念结构，如图 5-6 所示。

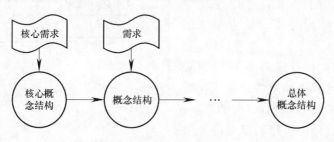

图 5-6　逐步扩张策略

4）混合策略设计的方法。即采用自顶向下与自底向上相结合的方法。混合策略设计的方法用自顶向下策略设计一个全局概念结构的框架，然后以它为骨架，集成由自底向上策略中设计的各局部概念结构。

其中最经常采用的策略是自底向上的方法，即自顶向下进行需求分析，然后再自底向上地设计概念结构，其方法如图 5-7 所示。

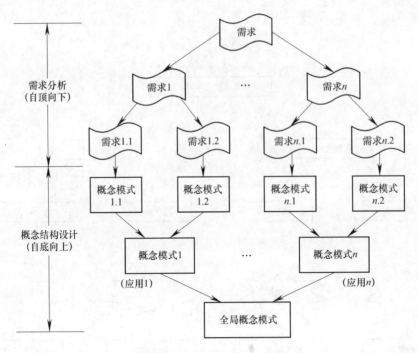

图 5-7 自顶向下分析需求与自底向上设计概念结构

3. 概念结构设计的步骤

按照图 5-7 所示的自顶向下分析需求与自底向上设计概念结构的方法，概念结构的设计可分为两步：第一步是进行数据抽象，设计局部 E-R 模型；第二步是集成各局部 E-R 模型，形成全局 E-R 模型，其设计步骤如图 5-8 所示。

（1）数据抽象和局部 E-R 模型设计

概念结构是对现实世界的一种抽象，即对实际的人、事、物和概念进行加工处理，它抽取人们共同关心的特性，忽略非本质的细节，并将这些概念加以精确的描述。

1）数据抽象。设计局部 E-R 模型的关键就是正确划分实体和属性。实体和属性之间在形式上并无可以明显区分的界限，通常是按照现实世界中事物的自然划分来定义实体和属性的，对现实世界中的事物进行数据抽象，得到实体和属性。数据抽象主要有两种方法：分类和聚集。

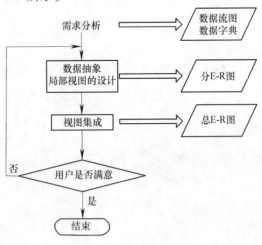

图 5-8 概念结构设计步骤

分类（Classification）就是定义某一类概念作为现实世界中一组对象的类型，并将一组具有某些共同特性和行为的对象抽象为一个实体。

例如，在教学管理中，"李丽"是学生当中的一员，她具有学生们共同的特性和行为：在哪个班、学习哪个专业、年龄是多大等。

聚集（Aggregation）就是定义某一类型的组成部分，并将对象类型的组成部分抽象为实体的属性。例如，学号、姓名、性别、年龄、系别等可以抽象为学生实体的属性。

2）局部 E-R 模型设计。设计局部 E-R 图首先需要根据系统的具体情况，在多层的数据流程图中选择一个适当层次的数据流程图，让这组图中的每一部分对应一个局部应用，然后以这一层次的数据流程图为出发点，设计分 E-R 图。将各局部应用设计的数据分别从数据字典中抽取出来，参照数据流程图，确定各局部应用中的实体、实体的属性、标识实体的码、实体之间的联系及其类型（1:1，1:n，m:n）。

实际上实体和属性是相对而言的。同一事物，在一种应用环境中作为"属性"，在另一种应用环境中就有可能作为"实体"。

例如，大学中的"系"，在某种应用环境中，它只是作为"学生"实体的一个属性，表明一个学生属于哪个系；而在另一种环境中，由于需要考虑一个系的系主任、教师人数、学生人数、办公地点等，因而它需要作为实体，如图 5-9 所示。

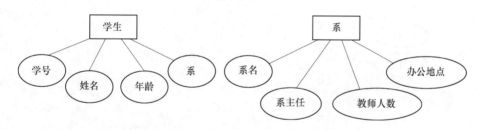

图 5-9　"系"由属性上升为实体的示意图

因此，为了解决这个问题，应当遵循两条基本准则：

①"属性"不能再具有需要描述的性质。"属性"必须是不可分割的数据项，不能包含其他属性。也就是说，属性不能是另外一些属性的聚集。

②"属性"不能与其他实体具有联系。在 E-R 图中所有的联系必须是实体间的联系，而不能有属性与实体之间的联系。

符合上述两条特性的事物一般作为属性对待。为了简化 E-R 图的处理，现实世界中的事物凡能够作为属性对待的，应尽量作为属性。

【例 5-1】　设有如下实体：

学生：学号、系名称、姓名、性别、年龄、选修课程名。

课程：编号、课程名、开课单位、任课教师号。

教师：教师号、姓名、性别、职称、讲授课程编号。

单位：单位名称、电话、教师号、教师姓名。

上述实体中存在如下联系：

一个学生可选修多门课程，一门课程可为多个学生选修。

一个教师可讲授多门课程，一门课程可为多个教师讲授。

一个系可有多个教师，一个教师只能属于一个系。

一个系有多名学生，一个学生只能属于一个系。

一个单位可以有多名教师，一个教师只能属于一个单位。

根据上述约定，可以得到学生选课局部 E-R 图和教师授课局部 E-R 图，分别如图 5-10 和图 5-11 所示。

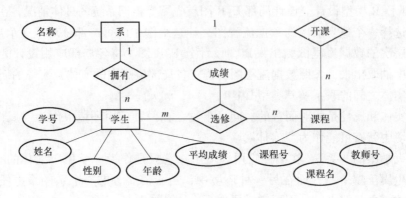

图 5-10　学生选课局部 E-R 图

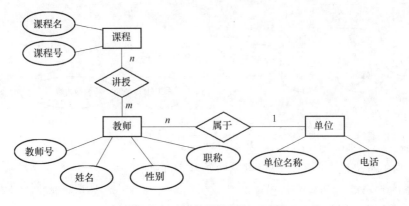

图 5-11　教师授课局部 E-R 图

（2）全局 E-R 模型设计

各个局部 E-R 图建立好后，还需要对它们进行合并，集成为一个整体的概念数据结构即全局 E-R 图。局部 E-R 图的集成有两种方法。

① 多元集成法，也叫做一次集成，一次性将多个局部 E-R 图合并为一个全局 E-R 图，如图 5-12a 所示。

② 二元集成法，也叫做逐步集成，首先集成两个重要的局部 E-R 图，然后用累加的方法逐步将一个新的 E-R 图集成进来，如图 5-12b 所示。

在实际应用中，可以根据系统复杂性选择这两种方案。如果局部图比较简单，可以采用一次集成法。在一般情况下，采用逐步集成法，即每次只综合两个图，这样可降低难度。无论使用哪一种方法，E-R 图集成均分为如下两个步骤：

1）合并分 E-R 图，生成初步 E-R 图。这个步骤将所有的局部 E-R 图综合成全局概

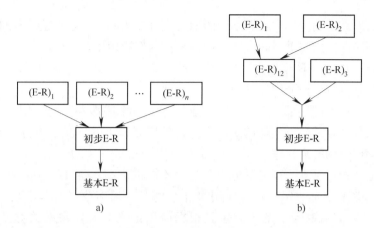

图 5-12 局部 E-R 图集成的两种方法

念结构。全局概念结构不仅要支持所有的局部 E-R 模型,而且必须合理地表示一个完整、一致的数据库概念结构。

由于各个局部应用所面向的问题不同,并且通常由不同的设计人员进行局部 E-R 图设计,所以,各局部 E-R 图不可避免地会有许多不一致的地方,通常把这种现象称为冲突。

因此,当合并局部 E-R 图时并不是简单地将各个 E-R 图画到一起,而是必须消除各个局部 E-R 图中的不一致,使合并后的全局概念结构不仅支持所有的局部 E-R 模型,而且必须是一个能为全系统中所有用户共同理解和接受的统一的概念模型。合并局部 E-R 图的关键就是合理消除各局部 E-R 图中的冲突。

E-R 图中的冲突有三种:属性冲突、命名冲突和结构冲突。

① 属性冲突。属性冲突又分为属性值域冲突和属性的取值单位冲突。

● 属性值域冲突:属性值的类型、取值范围或取值集合不同。例如,学生的学号,通常用数字表示,这样有些部门就将其定义为数值型,而有些部门则将其定义为字符型。

● 属性的取值单位冲突:比如零件的重量,有的以公斤为单位,有的以斤为单位,有的则以克为单位。

属性冲突与用户业务上的约定相关,必须与用户协商后解决。

② 命名冲突。命名不一致可能发生在实体名、属性名或联系名之间,其中属性的命名冲突最为常见。一般表现为同名异义或异名同义。

● 同名异义:不同意义的对象在不同的局部应用中具有相同的名字。例如,"单位"在某些部门表示为人员所在地部门,而在某些部门可能表示物品的重量、长度等属性。

● 异名同义:同一意义的对象在不同的局部应用中具有不同的名称。例如,对于"房间"这个名称,在教务管理部门中对应教室,而在后勤管理部门中对应学生宿舍。

命名冲突的解决方法同属性冲突的相同,需要与各部门协商、讨论后加以解决。

③ 结构冲突。结构冲突分为以下几种情况:

一是同一对象在不同应用中具有不同的抽象，可能为实体，也可能为属性。例如，教师的职称在某一局部应用中被当做实体，而在另一局部应用中被当做属性。这类冲突在解决时，就是使同一对象在不同应用中具有相同的抽象，或把实体转换为属性，或把属性转换为实体，但都要符合前面介绍过的两条基本准则。

二是同一实体在不同局部应用中的属性组成不同，可能是属性个数或属性的排列次序不同。解决办法是，合并后的实体的属性组成为各局部 E-R 图中的同名实体属性的并集，然后再适当调整属性的排列次序。

三是实体之间的联系在不同局部应用中呈现不同的类型。例如，局部应用 X 中 E_1 与 E_2 可能是一对一联系，而在另一局部应用 Y 中可能是一对多或多对多联系，也可能是在 E_1、E_2、E_3 三者之间有联系。解决方法是根据应用语义对实体联系的类型进行综合或调整。

下面以例 5-1 中已画出的两个局部 E-R 图 5-10 和图 5-11 为例，来说明如何消除各局部 E-R 图之间的冲突，并进行局部 E-R 模型的合并，从而生成初步 E-R 图。

首先，这两个局部 E-R 图中存在着命名冲突，学生选课局部 E-R 图中的实体"系"与教师任课局部 E-R 图中的实体"单位"都是指系，即所谓异名同义，合并后统一改为"系"，这样属性"名称"和"单位名称"即可统一为"系名"。

其次，还存在着结构冲突，实体"系"和实体"课程"在两个局部 E-R 图中的属性组成不同，合并后这两个实体的属性组成为各局部 E-R 图中的同名实体属性的并集。解决上述冲突后，合并两个局部 E-R 图，就能生成初步的全局 E-R 图。

2）消除不必要的冗余，生成基本 E-R 图。在初步的 E-R 图中，可能存在冗余的数据和冗余的实体之间的联系。冗余的数据是指可由基本数据导出的数据，冗余的联系是指由其他联系导出的联系。冗余的存在容易破坏数据库的完整性，给数据库的维护增加困难，应该消除。当然，不是所有的冗余数据和冗余联系都必须加以消除，有时为了提高某些应用的效率，不得不以冗余信息作为代价。设计数据库概念模型时，哪些冗余信息必须消除，哪些冗余信息允许存在，需要根据用户的整体需求来确定。把消除了冗余的初步 E-R 图称为基本 E-R 图。

通常采用分析的方法消除冗余。数据字典是分析冗余数据的依据，还可以通过数据流程图分析出冗余的联系。

如在图 5-10 和图 5-11 所示的初步 E-R 图中，"课程"实体中的属性"教师号"可由"讲授"这个教师与课程之间的联系导出，而学生的平均成绩可由"选修"联系中的属性"成绩"中计算出来，所以"课程"实体中的"教师号"与"学生"实体中的"平均成绩"均属于冗余数据。

另外，"系"和"课程"之间的联系"开课"，可以由"系"和"教师"之间的"属于"联系与"教师"和"课程"之间的"讲授"联系推导出来，所以"开课"属于冗余联系。

这样，图 5-10 和图 5-11 的初步 E-R 图在消除冗余数据和冗余联系后，便可得到基本的 E-R 模型，如图 5-13 所示。

最终得到的基本 E-R 模型是企业的概念模型，它代表了用户的数据要求，是沟通

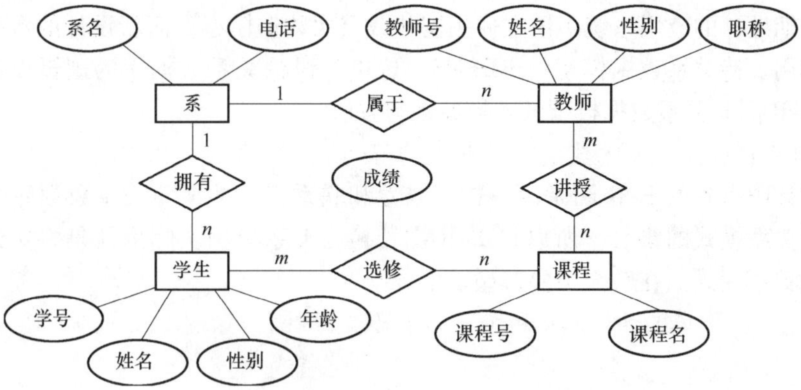

图 5-13　优化后的基本 E-R 图

"要求"和"设计"的桥梁，它决定数据库的总体逻辑结构，是成功创建数据库的关键。如果设计不好，就不能充分发挥数据库的功能，无法满足用户的处理要求。

因此，用户和数据库人员必须对这一模型反复讨论，在用户确认这一模型已正确无误地反映了他们的要求之后，才能进入下一阶段的设计工作。

5.2.3　逻辑结构设计阶段

1. 逻辑结构设计的任务和步骤

概念结构设计阶段得到的 E-R 模型是用户的模型，它独立于任何一种数据模型，独立于任何一个具体的 DBMS。为了创建用户所要求的数据库，需要把上述概念模型转换为某个具体的 DBMS 所支持的数据模型，这正是数据库逻辑结构设计所要完成的任务。

从理论上讲，设计逻辑结构应选择最适于描述与表达相应概念结构的数据模型，然后对支持这种数据模型的各种 DBMS 进行比较，综合考虑性能、价格等因素，从中选择最合适的 DBMS。但是实际情况往往是已经给定了某种 DBMS，设计人员没有选择的余地。目前的 DBMS 产品一般只支持关系、网状或层次三种模型当中的某一种，即使是同一种数据模型，不同的 DBMS 也有其不同的限制，提供不同的环境与工具。

通常把概念模型向逻辑数据模型的转换过程分为三步进行（如图 5-14 所示）：

① 把概念模型转换成一般的关系、网状、层次模型；

② 将转换来的关系、网状、层次模型转换成特定的 DBMS 所支持的数据模型；

③ 通过优化方法将其转化为优化的数据模型。

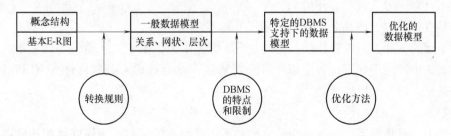

图 5-14　逻辑结构设计时的三个步骤

某些早期设计的应用系统中还在使用网状或层次数据模型，而新设计的数据库应用系统都普遍采用支持关系数据模型的 RDBMS，这里只讨论关系数据库的逻辑设计问题，所以只介绍 E-R 图向关系数据模型的转换原则与方法。

2. E-R 图向关系模型的转换

概念设计中得到的 E-R 图是由实体、属性和联系组成的，而关系数据库逻辑设计的结果是一组关系模式的集合。所以将 E-R 图转换为关系模型实际上就是将实体、属性和联系转换成关系模式。在转换中要遵循以下规则。

规则 5.1 实体集的转换：将每个实体集转换为一个关系模式，实体的属性即为关系的属性，实体的码即为关系的码。

规则 5.2 实体集间联系的转换：根据不同的联系类型做不同的处理。

规则 5.2.1 1:1 联系的转换：一个 1:1 联系可以转换为一个独立的关系，也可以与任意一端实体集所对应的关系合并。

如果将 1:1 联系转换为一个独立的关系，则与该联系相连的各实体的码以及联系本身的属性均转换为关系的属性，且每个实体的码均是该关系的候选码。

如果将 1:1 联系与某一端实体集所对应的关系合并，则需要在被合并关系中增加属性，其新增的属性为联系本身的属性和与联系相关的另一个实体集的码。

【例 5-2】 将图 5-15 中含有 1:1 联系的 E-R 图转换为关系模型。

该例有三种方案可供选择（注：关系模式中标有下画线的属性为码）。

方案 1：联系形成的关系独立存在，转换后的关系模型为：

职工（<u>职工号</u>，姓名，年龄）；

产品（<u>产品号</u>，产品名，价格）；

负责（<u>职工号</u>，<u>产品号</u>）。

方案 2："负责"与"职工"两关系合并，转换后的关系模型为：

职工（<u>职工号</u>，姓名，年龄，产品号）；

产品（<u>产品号</u>，产品名，价格）。

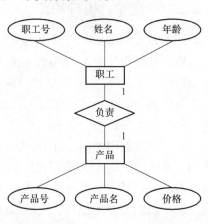

图 5-15　两元 1:1 联系转换为
　　　　　关系的实例

方案 3："负责"与"产品"两关系合并，转换后的关系模型为：

职工（<u>职工号</u>，姓名，年龄）；

产品（<u>产品号</u>，产品名，价格，职工号）。

将上面的三种方案进行比较，不难发现：方案 1 中，由于关系多，增加了系统的复杂性；方案 2 中，由于并不是每个职工都负责产品，就会造成产品号属性的 NULL 值过多；相比较起来，方案 3 比较合理。

规则 5.2.2 1:n 联系的转换：实体间的 1:n 联系可以有两种转换方法。

一种方法是将联系转换为一个独立的关系，其关系的属性由与该联系相连的各实体集的码以及联系本身的属性组成，而该关系的码为 n 端实体集的码。

另一种方法是在 n 端实体集中增加新属性，新属性由联系对应的 1 端实体集的码和联系自身的属性构成，新增属性后原关系的码不变。

【例 5-3】　将图 5-16 中含有 1: n 联系的 E-R 图转换为关系模型。

该转换有两种方案供选择（注：关系模式中标有下画线的属性为码）。

方案 1：1: n 联系形成的关系独立存在。

仓库（仓库号，地点，面积）；

产品（产品号，产品名，价格）；

仓库存储（仓库号，产品号，数量）。

方案 2：联系形成的关系与 n 端对象合并。

仓库（仓库号，地点，面积）；

产品（产品号，产品名，价格，仓库号，数量）。

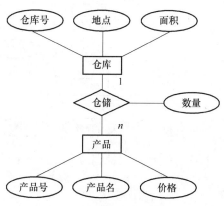

图 5-16　两元 1: n 联系转换为
关系模式实例

比较以上两个转换方案可以发现：尽管方案 1 使用的关系多，但是对仓储变化大的场合比较适用；相反，方案 2 中关系少，它适应仓储变化较小的应用场合。

【例 5-4】　图 5-17 中含有同实体集的 1: n 联系，将它转换为关系模型。

转换的方案如下（注：关系模式中标有下画线的属性为码）：

方案 1：转换为两个关系模式。

职工（职工号，姓名，年龄）；

领导（领导工号，职工号）。

方案 2：转换为一个关系模式。

职工（职工号，姓名，年龄，领导工号）。

其中，由于同一关系中不能有相同的属性

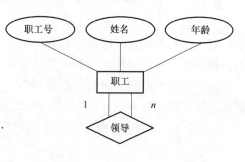

图 5-17　实体集内部 1: n 联系转换为
关系模式的实例

名，故将领导的职工号改为领导工号。以上两种方案相比较，第 2 种方案的关系少，且能充分表达原有的数据联系，所以采用第 2 种方案会更好些。

规则 5.2.3　 $m:n$ 联系的转换：一个 $m:n$ 联系转换为一个关系时，与该联系相连的各实体集的码以及联系本身的属性均转换为关系的属性，新关系的码为两个相连实体码的组合（该码为多属性构成的组合码）。

【例 5-5】　将图 5-18 中含有 $m:n$ 二元联系的 E-R 图转换为关系模型。

该例题转换的关系模型为（注：关系模式中标有下画线的属性为码）：

学生（学号，姓名，年龄，性别）；

课程（课程号，课程名，学时数）；

选修（学号，课程号，成绩）。

【例 5-6】　将图 5-19 中含有同实体集间 $m:n$ 联系的 E-R 图转换为关系模式。

该例题转换的关系模型为（注：关系模式中标有下画线的属性为码）：

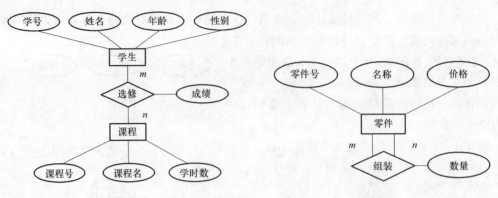

图 5-18　$m:n$ 二元联系转换为关系模型的实例　图 5-19　同一实体集内 $m:n$ 联系转换为
　　　　　　　　　　　　　　　　　　　　　　　　　关系模型的实例

零件（<u>零件号</u>，名称，价格）；

组装（<u>组装件号，零件号</u>，数量）。

其中，组装件号为组装后的复杂零件号。由于同一个关系中不允许存在同属性名，因而改为组装件号。

规则 5.2.4　三个或三个以上实体集间的多元联系的转换方法：要将三个或三个以上实体集间的多元联系转换为关系模式，可根据以下两种情况采用不同的方法处理。

对于一对多的多元联系，修改 1 端实体集对应的关系，即将与联系相关的其他实体集的码和联系自身的属性作为新属性加入到 1 端实体集中。

对于多对多的多元联系，新建一个独立的关系，该关系的属性为多元联系相连的各实体的码以及联系本身的属性，码为各实体码的组合。

【**例 5-7**】　将图 5-20 中含有多实体集间的多对多联系的 E-R 图转换为关系模型。

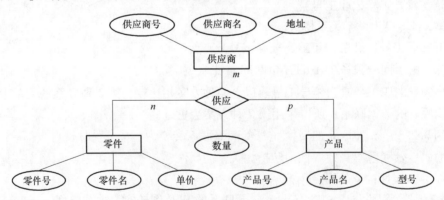

图 5-20　多实体集间联系转换为关系模型的实例

该例题转换的关系模式为（注：关系模式中标有下画线的属性为码）：

供应商（<u>供应商号</u>，供应商名，地址）；

零件（<u>零件号</u>，零件名，单价）；

产品（<u>产品号</u>，产品名，型号）；

供应（<u>供应商号，零件号，产品号</u>，数量）

规则 5.2.5　具有相同码的关系模式可合并。

为了减少系统中的关系个数，如果两个关系模式具有相同的主码，可以考虑将他们合并为一个关系模式。合并方法是将其中一个关系模式的全部属性加入到另一个关系模式中，然后去掉其中的同义属性（可能同名也可能不同名），并适当调整属性的次序。

例如：

有一个"拥有"关系模式：拥有（<u>学号</u>，性别）；

有一个"学生"关系模式：学生（<u>学号</u>，姓名，出生日期，所在系，班级号）。

这两个关系模式都以学号为码，可以将它们合并为一个关系模式，假设合并后的关系模式仍叫学生：学生（<u>学号</u>，姓名，性别，出生日期，所在系，班级号）。

3. 数据模型的优化

数据库逻辑设计的结果不是唯一的，为了进一步提高数据库应用系统的性能，还应该根据应用需要适当地修改、调整数据模型的结构，这就是数据模型的优化。关系数据模型的优化通常以规范化理论为指导，具体方法为：

1）确定数据依赖。分析每个关系中各个属性之间的联系，如果在需求分析阶段没有完成，可以现在补做，即按照需求分析阶段所得到的语义，分别写出每个关系模式内部各属性之间的数据依赖以及不同关系模式属性之间的数据依赖。

2）对于各个关系模式之间的数据依赖进行极小化处理，消除冗余的联系。

3）按照数据依赖的理论对关系模式逐一进行分析，考察是否存在部分函数依赖、传递函数依赖、多值依赖等，确定各个关系模式分别属于第几范式。

4）按照需求分析阶段得到的处理需求，分析这些模式对于这样的应用环境是否合适，确定是否要对某些模式进行合并或分解。

必须注意的是，并不是规范化程度越高关系就越优。例如，当查询经常涉及两个或多个关系模式的属性时，系统经常进行连接运算。连接运算的代价是相当高的，可以说关系模型低效的主要原因就是由连接运算引起的，这时可以考虑将这几个关系合并为一个关系，因此在这种情况下，第二范式甚至第一范式也许是合适的。又如，非 BCNF 的关系模式虽然从理论上分析会存在不同程度的更新异常或冗余，但如果在实际应用中对此关系模式只是查询，并不执行更新操作，就不会产生实际影响。所以，对于一个具体应用来说，到底规范化到什么程度，需要权衡响应时间和潜在问题来决定。

5）对关系模式进行必要的分解，提高数据操作的效率和存储空间的利用率。常用的两种分解方法是水平分解和垂直分解。

水平分解是把基本关系的元组分为若干个子集合，定义每个子集合为一个子关系，以提高系统的效率。根据"80/20 原则"，在一个大关系中，经常被使用的数据只是关系的一部分，约 20%，可以把经常使用的数据分解出来，形成一个子关系。如果关系 R 上具有 n 个事务，而且多数事务存取的数据不相交，则 R 可分解为少于或等于 n 个子关系，使每个事务存取的数据对应一个关系。

垂直分解是把关系模式 R 的属性分解为若干子集合，形成若干个子关系模式。垂直分解的原则是，经常在一起使用的属性从 R 中分解出来形成一个子关系模式。垂直分解可以提高某些事务的效率，但也可能使另一些事务不得不执行连接操作，从而降低了效率。因此是否进行垂直分解取决于分解后 R 上的所有事务的总效率是否得到了提高。垂直分解需要确保无损连接性和保持函数依赖。

4. 设计用户子模式

将概念模型转换为全局逻辑数据模型后，还应根据局部应用需求，结合具体 DBMS 的特点，设计用户的子模式。

目前关系数据库管理系统一般都提供了视图（View）的概念，可以利用这一功能设计更符合局部用户需要的用户子模式。

定义数据库全局模式主要是从系统的时间效率、空间效率、易维护等角度出发。由于用户子模式与模式是相对独立的，因此在定义用户子模式时可以重点考虑用户的习惯与使用的方便，具体包括如下几点：

（1）使用更符合用户习惯的别名

在合并各分 E-R 图时，曾做了消除命名冲突的工作，以使数据库系统中同一关系和属性具有唯一的名字，这在设计数据库整体结构时是非常必要的。用视图重新定义某些属性名，使其与用户习惯一致，以方便用户的使用。

（2）可以对不同级别的用户定义不同的视图，以保证系统的安全性

假设有关系模式：

产品（产品号，产品名，规格，单价，生产车间，生产负责人，产品成本，产品合格率，质量等级）

可以在产品关系上建立两个视图。

① 为一般顾客建立视图：

产品顾客（产品号，产品名，规格，单价）

② 为产品销售部门建立视图：

产品销售（产品号，产品名，规格，单价，车间，生产负责人）

顾客视图中只包含允许顾客查询的属性；销售部门视图中只包含允许销售部门查询的属性生产领导部门则可以查询全部产品数据。这样就可以防止用户非法访问本来不允许他们查询的数据，从而保证了系统的安全性。

（3）简化用户对系统的使用

如果某些局部应用中经常要使用某些复杂的查询，为了方便用户，可以将这些复杂的查询定义为视图，用户每次只对定义好的视图进行查询，这样就大大简化了用户的使用。

5.2.4 物理结构设计阶段

数据库在物理设备上的存储结构与存取方法称为数据库的物理结构设计，它依赖于给定的计算机系统。为一个给定的逻辑数据模型选取一个最适合应用要求的物理结构的过程，就是数据库的物理设计。在数据库物理结构设计中，设计人员必须充分了解所用 DBMS 的内部特征；了解数据库的应用环境，特别是数据应用处理的频率和响应时间的要求，了解外存储设计的特征。

数据库的物理结构设计通常分为两步，一是确定数据库的物理结构；二是对物理结构进行评价，评价的重点是时间和空间效率。如果不能满足要求，则返回逻辑结构设计阶段

修改数据模型；若满足要求，可以进入物理实施阶段。

1. 物理结构设计的内容

不同的数据库产品所提供的物理环境、存取方法和存储结构有很大差别，能供设计人员使用的设计变量、参数范围也不相同，因此没有通用的物理设计方法可遵循，只能给出一般的设计内容和原则。良好的数据库物理结构要求对各种事务的响应时间小、存储空间利用率高、事务吞吐率大。因此首先要对运行的事务进行详细分析，以获得设计所需要的参数。其次，充分了解 DBMS 的内部特征，特别是系统提供的存取方法和存储结构。

对于数据库查询事务，需要得到如下信息：

- 查询的关系。
- 查询条件所涉及的属性。
- 连接条件所涉及的属性。
- 查询的投影属性。

对于数据更新事务，需要得到如下信息：

- 被更新的关系。
- 每个关系上的更新操作条件所涉及的属性。
- 修改操作要改变的属性值。

除此之外，还需要知道每个事务在各关系上运行的频率和性能要求。

关系数据库物理设计的内容主要是指选择存取方法和存储结构，包括确定关系、索引、聚簇、日志、备份等的存储安排和存储结构，确定系统配置等。

2. 物理结构设计的方法

（1）存储结构的设计

存储记录结构包括记录的组成、数据项的类型、长度和数据项间的联系以及逻辑记录到存储记录的映射。在设计记录的存储结构时，并不改变数据库的逻辑结构，但可以在物理上对记录进行分割。当多个用户同时访问常用数据项时，会因访问冲突而等待，如果将这些数据分布在不同的磁盘组上，当用户同时访问时，系统可并行执行 I/O，减少访问冲突，提高数据库的性能。因此对于常用关系，最好将其水平分割成多个关系，分布在多个磁盘上，以均衡各个磁盘组的负荷，发挥多磁盘组并行操作的优势。

（2）存取方法的设计

存取方法是为存储在物理设备上的数据提供存储和检索的能力，它包括存储结构和检索机制两部分：存储结构限定了可能访问的路径和存储记录；检索机制定义每个应用的访问路径。数据库系统是多用户共享的系统，对同一个关系要建立多条存取路径才能满足多用户的多种应用要求。物理设计的任务之一就是要选择哪些存取方法，即建立哪些存取路径。常用的存取方法如下：

1）索引存取方法。索引存取方法实际上是根据应用要求来确定对关系的哪些属性列建立索引、哪些属性列建立组合索引、哪些索引要设计为唯一索引等。

- 如果一个（或一组）属性经常在查询条件中出现，则考虑在这个（或这组）属性上建立索引（或组合索引）。
- 如果一个属性经常作为最大值或最小值等聚集函数的参数，则考虑在这个属性上建立索引。

● 如果一个（或一组）属性经常在连接操作的连接条件中出现，则考虑在这个（或这组）属性上建立索引。

建立索引是要付出代价的，即维护和查找索引等，所以在关系上定义的索引并不是越多越好。例如，若一个关系的更新频率很高，那么在这个关系上定义的索引数量就不宜太多。因为一旦更新这个关系时，就必须对这个关系上定义的有关的索引做相应的修改。

2）聚簇存取方法。为了提高某个属性或属性组的查询速度，把这个或这些属性（称为聚簇码）上具有相同值的元组存放在连续的物理块称为聚簇（Cluster）。聚簇功能可以大大提高按聚簇码进行查询的效率。聚簇功能不但适用于单个关系，也适用于经常进行连接操作的多个关系。一个数据库可以建立多个聚簇，一个关系只能加入一个聚簇。

凡符合下列条件之一，可以考虑建立聚簇：

● 对经常在一起进行连接操作的关系可以建立聚簇。

● 如果一个关系的一组属性经常出现在相等比较条件中，则该关系可建立聚簇。

● 如果一个关系的一个或一组属性上的值的重复率很高，即对应每个聚簇码值的平均元组数不是太少，则可以建立聚簇。如果元组数太少，聚簇的效果不明显。

凡存在下列条件之一，应考虑不建立聚簇：

● 需要经常对全表进行扫描的关系。

● 在某属性列上的更新操作远多于查询和连接操作的关系。

使用聚簇需要注意的问题如下：

● 一个关系最多只能加入一个聚簇。

● 聚簇对于某些特定的应用可以明显地提高性能，但建立聚簇和维护聚簇的开销很大。

● 在一个关系上建立聚簇，将导致关系中的元组移动其物理存储位置，并使此关系上原来定义的索引无效，必须重建。

● 当一个元组的聚簇码值改变时，该元组的存储也要做相应的移动，所以聚簇码值要相对稳定，以减少修改聚簇码值所引起的维护开销。

因此，当通过聚簇码进行访问或连接是该关系的主要应用，而与聚簇码无关的其他访问很少或者是次要的，这时，可以使用聚簇。尤其是当 SQL 语句中包含有与聚簇码有关的 ORDER BY、GROUP BY、UNION、DISTINCT 等子句或短语时，使用聚簇特别有利，可以省去对结果集的排序操作；否则很可能会适得其反。

3）HASH 存取方法。有些数据库管理系统提供了 HASH 存取方法。选择 HASH 存取方法的规则如下：

如果一个关系的属性主要出现在等值连接条件中或者相等比较选择条件中，而且满足下列两个条件之一，则此关系可以选择 HASH 存取方法。

● 如果一个关系的大小可预知，而且不变。

● 如果关系的大小动态改变，并且所选用的 DBMS 提供了动态 HASH 存取方法。

3. 物理结构设计的评价

在数据库的物理设计过程中，需要对时间、空间效率、维护代价以及各种用户要求进行权衡，设计出多个方案，数据库设计人员必须对这些方案进行详细的分析和评价，从中选择出一个较优的方案作为数据库的物理结构。

评价物理结构设计完全依赖于所选用的 DBMS，主要是从定量估算各种方案的存储空间、存取时间和维护代价入手，对估算结果进行权衡、比较，进而选择出一个较优的、合理的物理结构。如果该结构不符合用户需求，则需要修改设计。

5.2.5 数据库实施阶段

完成数据库的物理设计之后，设计人员就要用关系数据库管理系统提供的数据定义语言和其他实用程序将数据库逻辑设计和物理设计的结果严格地描述出来，成为 DBMS 可以接受的代码，再经过调试产生目标模式，然后就可以组织数据入库了。这就是数据库实施阶段。数据库实施主要包括以下工作（如图 5-21 所示）：

- 定义数据库结构。
- 数据装载。
- 编制与调试应用程序。
- 数据库试运行。

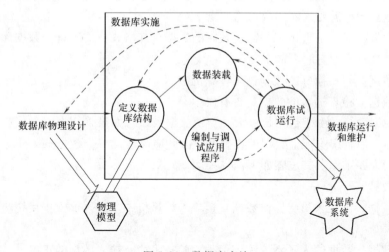

图 5-21　数据库实施

1. 定义数据库结构

确定了数据库的逻辑结构与物理结构后，就可以用所选用的 DBMS 提供的数据定义语言（DDL）来严格描述数据库结构。

例如，可以用 SQL 语句定义如下表结构：

```
CREATE TABLE 学生
(学号 char(8),
......
);
CREATE TABLE 课程
(
```

……

）；

……

接下来是在这些基本表上定义视图：

CREATE VIEW…

（

……

）；

……

如果需要使用聚簇，在建立基本表之前，应先用 CREATE CLUSTER 语句定义聚簇。

2. 数据装载

数据库结构建立好后，就可以向数据库中装载数据了。组织数据入库是数据库实施阶段最主要的工作。

对于数据量不是很大的小型系统，可以用人工方法来完成数据的入库，其步骤如下：

● 筛选数据。需要装入数据库中的数据通常都分散在各个部门的数据文件或原始凭证中，所以首先必须把需要入库的数据筛选出来。

● 转换数据格式。筛选出来的需要入库的数据，其格式往往不符合数据库要求，还需要进行转换。这种转换有时可能很复杂。

● 输入数据。将转换好的数据输入计算机中。

● 校验数据。检查输入的数据是否有误。

对于大中型系统，由于数据量极大，组织数据入库时如果采用人工方式将会耗费大量的人力和物力，而且很难保证数据的正确性。因此应该设计一个数据输入子系统，由计算机辅助数据的入库工作。其步骤如下：

● 筛选数据。

● 输入数据。由录入员将原始数据直接输入计算机中。数据输入子系统应该提供输入界面。

● 校验数据。数据输入子系统采用多种检验技术检查输入数据的正确性。

● 转换数据。数据输入子系统根据数据库系统的要求，从录入的数据中抽取有用成分，对其进行分类，然后转换数据格式。抽取、分类和转换数据是数据输入子系统的主要工作，也是数据输入子系统的复杂性所在。

● 综合数据。数据输入子系统对转换好的数据根据系统的要求进一步综合成最终数据。

如果数据库是在文件系统或已有的数据库系统基础上设计的，则数据输入子系统只需要完成转换数据、综合数据两项工作，直接将老系统中的数据转换成新系统中需要的数据格式。

为了保证数据能够及时入库，应在数据库物理设计的同时编制数据输入子系统。

3. 编制与调试应用程序

数据库应用程序的设计应该与数据设计并行进行。在数据库实施阶段，当数据库结构建立好后，就可以开始编制与调试数据库的应用程序，也就是说，编制与调试应用程序是与组织数据入库同步进行的。调试应用程序时由于数据入库尚未完成，可先使用模拟数据。

4. 数据库试运行

应用程序调试完成，并且已有一部分数据入库后，就可以开始数据库的试运行。数据库试运行也称为联合调试，其主要工作包括：

● 功能测试，即实际运行应用程序，执行对数据库的各种操作，测试应用程序的各种功能。

● 性能测试，即测量系统的性能指标，分析是否符合设计目标。

数据库物理设计阶段在评价数据库结构估算时间、空间指标时，作了很多简化和假设，忽略了许多次要因素，因此结果必然很粗糙。数据库试运行则是要实际测量系统的各种性能指标（不仅是时间、空间指标），如果结果不符合设计目标，则需要返回物理设计阶段，调整物理结构，修改参数，有时甚至需要返回逻辑设计阶段，调整逻辑结构。

重新设计物理结构甚至逻辑结构，会导致数据重新入库。由于数据入库工作量实在太大，所以可以采用分期输入数据的方法，即先输入小批量数据供先期联合调试使用，待试运行基本合格后再输入大批量数据，逐步增加数据量，逐步完成运行评价。

在数据库试运行阶段，由于系统还不稳定，硬、软件故障随时都可能发生。而系统的操作人员对新系统还不熟悉，误操作也不可避免，因此必须做好数据库的转储和恢复工作，尽量减少对数据库的破坏。

5.2.6 运行和维护阶段

数据库经过调试与试运行，成功地投产交付使用后，在运行过程中，为了能保证数据库正确、有效地运行，适应不断变化的应用环境和物理存储，在设计中还必须考虑数据库的维护，用户单位应安排数据库管理人员（DBA）负责数据库的维护。维护的主要工作如下：

1. 数据库的转储和恢复

数据库的转储和恢复是系统正式运行后最重要的维护工作之一。DBA 要针对不同的应用要求制定不同的转储计划，定期对数据库和日志文件进行备份，以保证一旦发生故障，能利用数据库备份及日志文件备份，尽快将数据库恢复到某种一致性状态，并尽可能减少对数据库的破坏。

2. 数据库的安全性、完整性控制

DBA 必须对数据库安全性和完整性控制负起责任。DBA 应根据用户的实际需要授予不同的操作权限。此外，在数据库运行过程中，由于应用环境的变化，对安全性的要求也会发生变化，比如原来是绝密的数据现在允许公开查询了，而新加入的数据又可能变成绝密的数据了。而系统中用户的密级也会改变。这些需要 DBA 根据实际情况修改原有的安全性控制规则。同样，由于应用环境的变化，数据库的完整性约束条件也在变化，也需要 DBA 不断修正，以满足用户要求。

3. 数据性能的监督、分析和改造

在数据库运行过程中，DBA 需要监督系统运行，分析检测数据，找出改进系统性能的方法。例如原来设计一个表最多就会存储 1 万条记录，结果现在存储了上千万条记录，这时可能需要对表的关联、索引等进行改进。目前许多 DBMS 产品都提供了监测系统性能参数的工具，DBA 可以利用这些工具方便地得到系统运行过程中一系列性能参数的值，判断当前系统运行状况是否是最佳，如果不是，则需要通过调整某些参数来进一步改进数据库性能。

4. 数据库的重组织与重构造

数据库运行一段时间后，由于记录的不断增加、修改、删除，会使数据库的物理存储情况变坏，降低了数据的存取效率和数据库存储空间的利用率，数据库性能也会下降，这时 DBA 就要对数据库进行重组，或部分重组织（只对频繁增、删的表进行重组织）。数据库的重组织不会改变原设计的数据逻辑结构和物理结构，只是按原设计要求重新安排存储位置，回收垃圾，减少指针链，提高系统性能。DBMS 一般都提供了供重组织数据库使用的实用程序，帮助 DBA 重新组织数据库。

当数据库应用环境发生变化，例如，增加新的应用或新的实体、取消某些已有应用、改变某些已有应用，这些都会导致实体及实体间的联系发生相应的变化，使原有的数据库设计不能很好地满足新的需求，从而不得不适当调整数据库的模式和内模式，这就是数据库的重构造。其中适当调整数据库的模式和内模式包括增加新的数据项、改变数据项的类型、改变数据库的容量、增加或删除索引，修改完整性约束条件等。DBMS 都提供了修改数据库结构的功能。

重构造数据库的程度是有限的。若应用变化太大，已无法通过重构数据库来满足新的需求，或重构数据库的代价太大，则表明现有数据库应用系统的生命周期已经结束，应该重新设计新的数据库系统。

138

5.3 PowerDesigner 数据建模

5.3.1 PowerDesigner 概述

PowerDesigner 是 Sybase 公司推出的一个集成了 UML（统一建模语言）和数据建模的 CASE 工具集，使用它可以方便地对数据库应用系统进行分析设计。它可以用于系统设计和开发的不同阶段（即商业流程分析、对象分析、对象设计以及开发阶段）。利用 Power-Designer 可以制作数据流程图、概念数据模型、物理数据模型，可以生成多种客户端开发工具的应用程序，还可为数据仓库制作结构模型，也能对团队设计模型进行控制。它可与许多流行的数据库设计软件（如 Java、PowerBuilder、Delphi、VS. net 等）相配合使用来缩短开发时间和使数据库系统设计更优化。作为功能强大的全部集成的建模和设计解决方案，PowerDesigner 可使企业快速、高效并一致地构建自己的信息系统。PowerDesigner 提供大量角色功能，从而区分企业内部不同职责。PowerDesigner 使用中央企业知识库提供高级的协同工作和元数据的管理，并且十分开放，支持所有主流开发平台。

PowerDesigner 系列产品提供了一个完整的建模解决方案，业务或系统分析人员、设计人员、数据库管理员 DBA 和开发人员可以对其裁剪以满足他们特定的需要；而其模块化的结构为购买和扩展提供了极大的灵活性，从而使开发单位可以根据其项目的规模和范围来使用他们所需要的工具。PowerDesigner 灵活的分析和设计特性允许使用一种结构化的方法有效地创建数据库或数据仓库，而不要求严格遵循一个特定的方法。PowerDesigner 提供了直观的符号表示使数据库的创建更加容易，并使项目组内的交流和通信标准化，同时能更加简单地向非技术人员展示数据库和应用的设计。

PowerDesigner 不仅加速了开发的过程，也向最终用户提供了管理和访问项目信息的一个有效的结构。它允许设计人员不仅创建和管理数据的结构，而且开发和利用数据的结构针对领先的开发工具环境快速地生成应用对象和数据敏感的组件。开发人员可以使用同样的物理数据模型查看数据库的结构和整理文档，以及生成应用对象和在开发过程中使用的组件。应用对象生成有助于在整个开发生命周期提供更多的控制和更高的生产率。

PowerDesigner 是业界第一个同时提供数据库设计开发和应用开发的建模软件。

5.3.2　PowerDesigner 的功能

PowerDesigner 功能强大，主要包括以下几个功能部分：

（1）DataArchitect

这是一个强大的数据库设计工具，使用 DataArchitect 可利用 E- R 图为一个信息系统创建"概念数据模型"。并且可根据概念数据模型产生基于某一特定数据库管理系统（如 Sybase System 11）的"物理数据模型"。还可优化物理数据模型，产生为特定 DBMS 创建数据库的 SQL 语句并可以文件形式存储以便在其他时刻运行这些 SQL 语句创建数据库。另外，DataArchitect 还可根据已存在的数据库反向生成物理数据模型、概念数据模型及创建数据库的 SQL 脚本。

（2）ProcessAnalyst

这部分用于创建功能模型和数据流图，创建"处理层次关系"。

（3）AppModeler

为客户/服务器应用程序创建应用模型。

（4）ODBC Administrator

此部分用来管理系统的各种数据源。

5.3.3　PowerDesigner 的模型文件

PowerDesigner 主要有四种模型文件，具体内容如下：

（1）业务处理模型

业务处理模型（Business Process Model，BPM），主要在需求分析阶段使用，是从业务人员的角度来对业务逻辑和规则进行详细描述，并使用流程图表示从一个或多个起点到终点的处理过程、流程、消息和协作协议。需求分析阶段的主要任务是理清系统的功能，所以系统分析员与用户充分交流后，应得出系统的逻辑数据模型，BPM 就是为达到这个目的而设计的。

（2）概念数据模型

概念数据模型（Conceptual Data Model，CDM），主要用在系统开发的数据库设计阶

139

段。它按用户的观点来对数据和信息进行建模，利用 E-R 图来实现。它描述系统中的各个实体以及相关实体之间的关系，是系统特性的静态描述。系统分析员通过 E-R 图来表达对系统静态特征的理解。CDM 表现数据库的全部逻辑结构，与任何的软件或数据存储结构无关。

（3）物理数据模型

物理数据模型（Physical Data Model，PDM），提供了系统初始设计所需要的基础元素，以及相关元素之间的关系，但在数据库的物理设计阶段必须在此基础上进行详细的后台设计，包括数据库存储过程、触发器、视图和索引等。物理数据模型是以常用的 DBMS 理论为基础，将 CDM 中所建立的现实世界模型生成相应的 DBMS 的 SQL 脚本，利用该 SQL 脚本在数据库中产生现实世界信息的存储结构（表、约束等），并保证数据在数据库中的完整性和一致性。

（4）面向对象模型

面向对象模型（Object-Oriented Model，OOM），是利用 UML 的图形来描述系统结构的模型。它从不同角度表现系统的工作状态，这些图形有利于用户、管理人员、系统分析员、开发人员、测试人员和其他人员之间进行信息交流。一个 OOM 包含一系列包、类、接口和它们的关系。这些对象一起形成所有（或部分）的一个软件系统的逻辑的设计视图的类结构。一个 OOM 本质上是软件系统的一个静态的概念模型。

各模型之间的转换关系如图 5-22 所示。

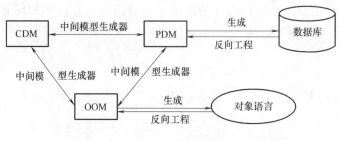

图 5-22　模型转换关系

5.3.4　PowerDesigner 数据建模实例

PowerDesigner 的功能强大，下面以小型超市管理系统数据库创建为例来说明使用 PowerDesigner12 英文版创建数据库的方法和过程。使用 PowerDesigner 对系统进行建模时，可以完成系统开发过程中多项任务，限于篇幅，本书仅介绍创建 BPM、CDM 和 PDM 的操作过程，BPM 对应前面的需求分析，根据需求分析的结果进行设计 CDM，CDM 对应前面的概念结构设计，然后将 CDM 转换为 PDM，对应前面的逻辑结构设计，再通过 PowerDesigner 提供的"生成"工具，将 PDM 转换为 DBMS 产品对应的 SQL 脚本，并最终生成数据库。

本示例中，主要的数据关系如下：

进货单（<u>进货单编号</u>，出厂日期，经手人，进货日期）

进货清单（<u>进货单编号</u>，<u>商品编号</u>，进货价格，供应商，数量）

商品（<u>商品编号</u>，商品名称，保质期，厂家，单位数量，库存量，<u>商品类别编号</u>）

销售单（<u>销售单编号</u>，销售日期，经手人）

销售清单（<u>销售清单编号</u>，商品编号，价格，折扣，数量）

类别（<u>类别编号</u>，类别名称，说明）

1. 创建 BPM

BPM 是从业务人员的角度来对业务逻辑和规则进行详细描述的概念模型，并使用流程图表示从一个或多个起点到终点间的处理过程、流程、消息和协作协议。BPM 与 PowerDesigner 其他模块之间的关系如图 5-23 所示。

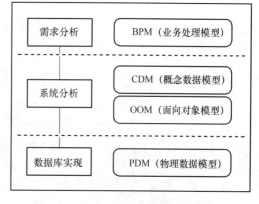

图 5-23　BPM 与其他模块之间的关系

打开 PowerDesigner 设计器，选择【File】→【New】，打开 New 窗口，在左边模型选择列中选中"Business Process Model"，单击【确定】按钮，即确认创建业务处理模型，如图 5-24 所示。

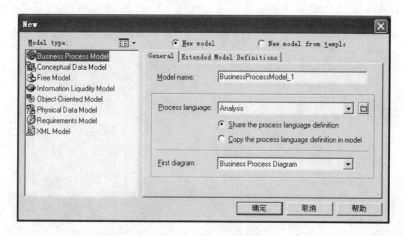

图 5-24　BPM 创建对象窗口

BPM 描述业务处理过程，一套业务过程从开始到结束要经过较复杂的业务处理，在绘制 BPM 时，应根据实际流程，逐一完成。在 BPM 的绘制界面中有一个 Palette（工具面板），里面存放了绘制 BPM 所用的工具，在 Palette 中找到 Start，用鼠标左键单击，使其处于选中状态，在 BPM 的工作区空白位置单击鼠标左键，工作区中将生成一个 Start 图标，右键单击鼠标，使鼠标处于指针选择状态，再用鼠标左键双击 Start 图标，打开属性窗口，修改 Name 为"开始"，如图 5-25 所示。

如上所述，在工作区中添加一个 Process，并修改其 Name 值为"商品登记"，再添加一个 Resource，修改其名称为"进货单"。用鼠标左键单击 Flow/Resource Flow，然后在工作区中点击"开始"图标并拖动鼠标至"商品登记"图标上，松开左键，完成了将"开始"与"商品登记"连接的操作，表示的含义为业务开始以后进行商品登记处理；按照

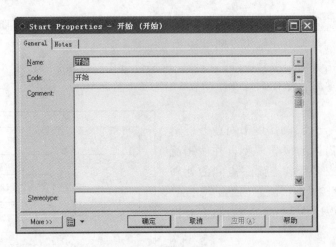

图 5-25 Start 属性设置

上述操作过程，拖动一个从"进货单"到"商品登记"的 Flow，表示的含义为在进行商品登记处理时，需要使用进货单。完成以后工作区效果如图 5-26 所示。

在商品登记中，一般的业务规则是要先进行商品信息的校验，如果校验有误，则不能完成商品登记处理；如果正确，则将商品直接入库。继续执行上面的操作，在工作区中添加一个 Decision、一个 Resource、两个 Process、一个 End 和若干个 Flow，完成以后工作区的效果如图 5-27 所示。

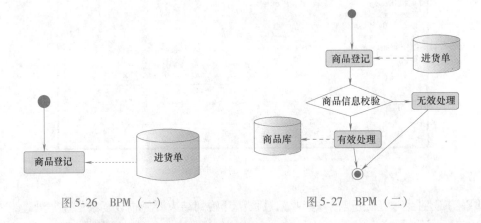

图 5-26 BPM（一）　　　　　　　　　图 5-27 BPM（二）

以上完成了业务流程过程中商品登记的 BPM，下一步为商品的销售及销售利润的统计等，请读者根据前面的操作过程自行完成。

2. 创建 CDM

CDM 对应于数据库概念结构设计中的 E-R 图，即将 E-R 图转换成相应的 CDM，过程如下：

打开 PowerDesigner 设计器，选择【File】→【New】，打开 New 窗口，在左边模型选择列中选中"Conceptual Data Model"，单击【确定】按钮，即确认创建概念数据模型，如图 5-28 所示。

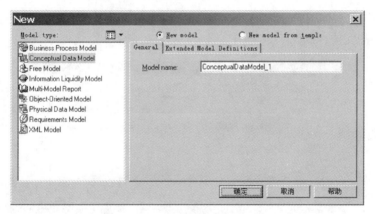

图 5-28　CDM 创建对象窗口

创建完成以后，双击左侧资源浏览窗口中新创建的 CDM 名称图标，打开 CDM 模型属性窗口，进行相关属性信息设置。

PowerDesigner 默认在 CDM 中不能存在相同名称的实体属性，这也是考虑到可能产生的一些如主码、外码等名称冲突问题，但进行实际数据库设计时，可能会多次使用相同数据项（DataItem）便于理解各实体。为此需要更改 PowerDesigner 相关设置。软件默认为 DataItem 不能重复使用（即重名），需要进行以下操作：

选择菜单【Tools】→【Model Options】，如图 5-29 所示。

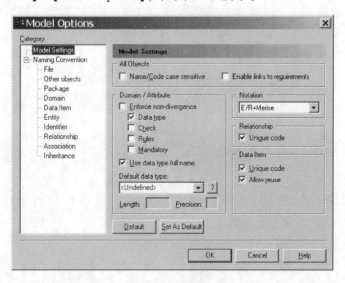

图 5-29　模型选项窗口

在 Model Settings 设置目录中，将 Data Item 下的 Unique Code 取消选中即可，系统默认将 Unique Code 和 Allow Reuse 均选中。

在新创建的 CDM 中，选择 Palette 工具面板中的 Entity 工具，再在模型区域点击鼠标左键，即添加了一个实体图符。

单击鼠标右键或单击面板中 Pointer 工具，使鼠标处于选择图形状态。

双击新创建的实体图符，打开实体属性窗口，输入实体名称和代码。本示例中创建一个"进货单"的实体，如图 5-30 所示。

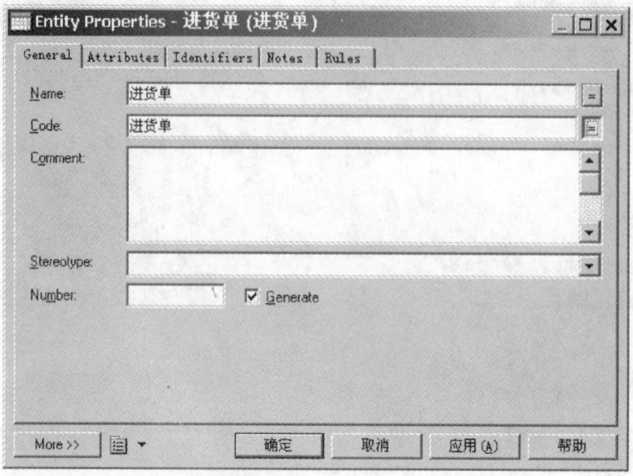

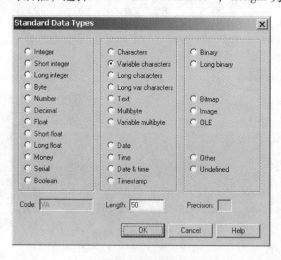

图 5-30　实体属性窗口

输入完成以后点击【确定】按钮完成命名工作。

再次双击新创建的"进货单"实体图符，打开实体属性窗口，单击"Attributes"选项卡。用鼠标单击"Name"下面的第一个单元格，PowerDesigner 会自动增加一个属性"Attributes_1"。根据 E-R 图中每个实体的属性进行录入，"进货单"的第一个属性为"进货单编号"，"Code"位置不用修改，在"DataType"中单击右侧的浏览按钮，打开"Standard Data Types"对话框，选择"Variable characters"，Length 为 50，如图 5-31 所示。

144

图 5-31　标准数据类型选择窗口

对"进货单"实体创建完成以后的属性列表如图 5-32 所示。

根据上述规则再新建另外一个实体"进货清单"，各个属性及相应信息请参考 E-R 图，完成以后在界面中有两个实体，下面来完成两个实体之间的联系。

用左键点击"Palette"面板中的"Relationship",在实体"进货单"上单击鼠标左键,按住不放,拖拽鼠标至实体"进货清单"上后才松开,这样就建立了"进货单"和"进货清单"之间的联系。单击鼠标右键或左键,单击 Palette 面板上的 Pointer 工具,使鼠标返回至选择状态,双击图表中的刚建立的两实体之间关系(Relationship),打开关系属性窗口,对联系进行详细定义。

建立完联系以后的页面效果如图 5-33 所示。

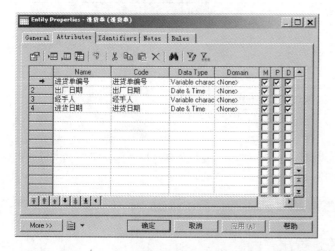

图 5-32　建立完成的实体属性

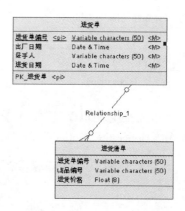

图 5-33　实体及联系页面效果

按照上述建立实体的过程,完成其他实体的创建并建立实体之间的关系,达到 E-R 图显示的效果。

所有内容创建完成以后如图 5-34 所示。

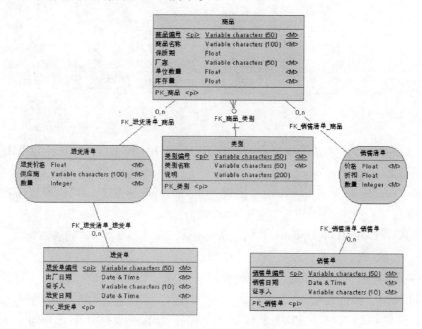

图 5-34　建好的 CDM

145

到此，数据库设计中的 CDM 设计完成。

3. 创建 PDM

完成 CDM 创建以后，可以通过 PowerDesigner 来完成到 PDM 的转换。当从 CDM 生成 PDM 时，PowerDesigner 将 CDM 中的对象和数据类型转换为 PDM 对象和当前 DBMS 支持的数据类型。CDM 到 PDM 的对象对应关系如表 5-2 所示。

表 5-2　CDM 到 PDM 转换的对象对应关系

CDM 对象	在 PDM 中生成的对象
实体（Entity）	表（Table）
实体属性（Entity Attribute）	列（Table Column）
主标识符（Primary Identifier）	根据是否为依赖关系确定是主码或外码
标识符（Identifier）	候选码（Alternate key）
关系（Relationship）	引用（Reference）

首先是生成 PDM 选项：选择菜单栏上【Tools】→【Generate Physical Data Model】弹出 "PDM Generation Options" 窗口，如图 5-35 所示。

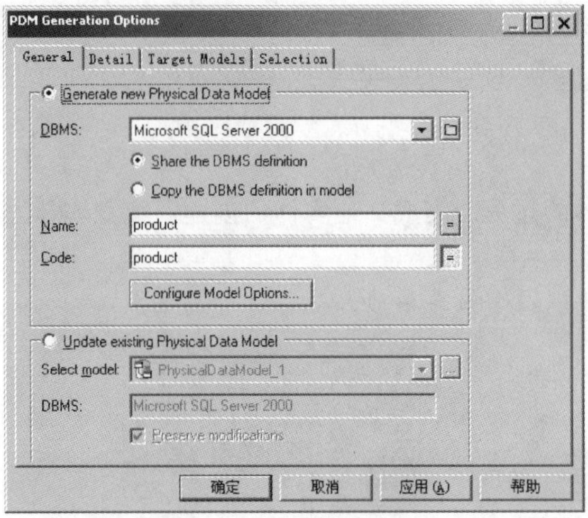

图 5-35　生成 PDM 选项

选择 "Generate Physical Data Model"，在 DBMS 下拉列表中选择相应的 DBMS，输入新物理数据模型的 Name 和 Code。

若单击 "Configure Model Options" 则进入 Model Options 窗口，可以设置新物理数据模型的详细属性。

选择 "PDM Generation Options" 中的 Detail 页，设置目标 PDM 的属性细节。

单击 Selection 页，选择需要进行转化的对象。

确认各项设置后，单击确定，即生成相应的 PDM，如图 5-36 所示。

生成 PDM 后，可能还会对前面的 CDM 进行更改，若要将所做的更改与所生成的 PDM 保持一致，这时可以对已有 PDM 进行更新。操作如下：选择菜单【Tools】→【Generate

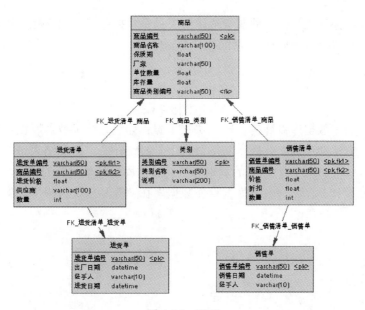

图 5-36　PDM

Physical Data Model】，在打开的"PDM Generation Options"窗口中选择"Update existing Physical Data Model"，并通过 Select model 下拉框选择将要更新的 PDM。

4. 从 PDM 到数据库的转换

选择菜单中的【Database】→【Generate Database】，在对话框里选择文件保存的位置，如图 5-37 所示。

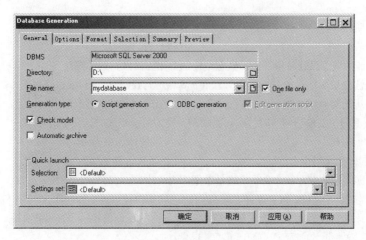

图 5-37　数据库生成选项

如果需要，可以对相应的项目进行修改，设置完成以后点击【确定】按钮，将会生成 SQL 脚本文件，使用 MS SQL Server 打开 SQL 脚本文件后执行，将根据前面设置的规则创建相应的数据表及其他对象。

5. 数据库修改

当数据库出现问题时，依然可以使用 PowerDesigner 修改，限于篇幅，本书省略。

PowerDesigner 提供的另外一项非常适用的工具是数据库的逆向工程，感兴趣的读者可以参考相应的书籍或 PowerDesigner 帮助文件自行学习。

5.4 小结

本章主要介绍了数据库设计的一般方法和步骤；详细介绍了数据库设计各个阶段的主要目标、任务、方法和步骤，并列举实例对各个阶段设计的思路和结果进行了说明；最后介绍使用 PowerDesigner 设计数据库的基本方法。数据库设计最重要的两个环节是概念结构设计和逻辑结构设计，良好的数据库设计使数据库在实施和维护过程中出错的可能性将会大大降低。

习　　题

一、单项选择题

1. 数据库技术中，独立于计算机系统的模型是（　　）。

A. E-R 模型　　　　　　　　　　　　B. 层次模型

C. 关系模型　　　　　　　　　　　　D. 面向对象的模型

2. 数据流程图是用于描述结构化方法中（　　）阶段的工具。

A. 概要设计　　　　　　　　　　　　B. 可行性分析

C. 程序编码　　　　　　　　　　　　D. 需求分析

3. 数据库设计中，用 E-R 图来描述信息结构但不涉及信息在计算机中的表示，这是数据库设计的（　　）。

A. 需求分析阶段　　　　　　　　　　B. 逻辑设计阶段

C. 概念设计阶段　　　　　　　　　　D. 物理设计阶段

4. 数据库设计的概念设计阶段，表示概念结构的常用方法和描述工具是（　　）。

A. 层次分析法和层次结构图　　　　　B. 数据流程分析法和数据流程图

C. 实体联系法和实体联系图　　　　　D. 结构分析法和模块结构图

5. 在 E-R 模型向关系模型转换时，$m:n$ 的联系转换为关系模式时，其主码是（　　）。

A. m 端实体的主码　　　　　　　　　B. n 端实体的主码

C. m、n 端实体的主码组合　　　　　D. 重新选取其他属性

6. 在关系数据库设计中，设计关系模式是数据库设计中（　　）阶段的任务。

A. 逻辑设计　　　B. 概念设计　　　C. 物理设计　　　D. 需求分析

7. 数据库设计可划分为六个阶段，每个阶段都有自己的设计内容，"为哪些关系，在哪些属性上，建什么样的索引"这一设计内容应该属于（　　）设计阶段。

A. 概念设计　　　B. 逻辑设计　　　C. 物理设计　　　D. 全局设计

8. 在 E-R 模型中，如果有三个不同的实体集，三个 $m:n$ 联系，根据 E-R 模型转换为关系模型的规则，转换为关系的数目是（　　）。

A. 4　　　　　　B. 5　　　　　　C. 6　　　　　　D. 7

二、简述题

1. 数据库设计的基本方法有哪些？

2. 数据库设计一般分为几个阶段？分别是什么？

3. E-R 图转换为关系模式的原则是什么？

4. 数据字典的内容和作用是什么？

5. 数据库运行和维护阶段的主要工作是什么？

6. 数据库的概念结构设计方法有哪几种？

三、应用题

某医院病房计算机管理中心需要如下信息：

科室：科室名、科地址、科电话

病房：病房号、床位号

医生：姓名、职称、年龄、工作证号

病人：病历号、姓名、性别

其中，一个科室有多个病房、多个医生，一个病房只能属于一个科室，一个医生只属于一个科室，但可负责多个病人的诊治，一个病人的主管医生只有一个，一个病房可以入住多个病人，一个病人只住一个病房。

完成如下设计：

① 设计该中心信息管理的 E-R 图。

② 将该 E-R 图转换为关系模式结构。

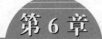

第6章

数据保护

数据库系统中的数据是由 DBMS 统一管理和控制的，为了适应数据共享的环境，DBMS 必须提供数据的安全性、完整性、并发控制和数据库恢复等数据保护能力，以保证数据库中数据的安全可靠和正确有效。

6.1 安全性

6.1.1 数据库安全性概述

数据库的安全性是指保护数据库，防止不合法的使用造成的数据泄密、更改或破坏。数据库的一大特点是数据可以共享，但数据共享必然带来数据库的安全性问题。数据库中放置了组织、企业、个人的大量数据，其中许多数据可能是非常关键的、机密的或者涉及个人隐私，例如，军事国家机密，企业的市场营销策略、销售计划、客户档案等，数据拥有者往往只允许一部分人访问这些数据。如果 DBMS 不能严格地保证数据库中数据的安全性，就会严重制约数据库的应用。

因此，数据库系统中的数据共享不能是无条件的共享，而必须是在 DBMS 统一的严格控制之下，只允许有合法使用权限的用户访问允许他存取的数据。数据库系统的安全保护措施是否有效是衡量数据库系统的性能指标之一。

6.1.2 数据库安全控制的一般方法

用户非法使用数据库可以有很多种情况：用户编写一段合法的程序绕过 DBMS 及其授权机制，通过操作系统直接存取、修改或备份数据库中的数据；编写应用程序执行非授权操作；通过多次合法查询数据库从中推导出一些保密数据。例如，某数据库应用系统禁止查询某个人的工资，但允许查任意一组人的平均工资，用户甲想了解王一的工资，他首先查询包括王一在内的一组人的平均工资，然后查询用自己替换王一后这组人的平均工资，从而推导出王一的工资。这些破坏安全的行为可能是无意的，也可能是故意的，甚至可能是恶意的。安全性控制就是要尽可能地杜绝所有可能的数据库非法访问，不管它是有意的还是无意的。

实际上，安全性问题并不是数据库系统所独有的，所有计算机化的系统中都存在这个问题，只是由于数据库系统中存放了大量数据，并为多用户直接共享，使安全性问题更为突出而已。

数据库系统中一般采用用户标识和鉴别、存取控制、视图以及密码存储等技术进行安全控制。

1. 用户标识与鉴别

用户标识和鉴别是 DBMS 提供的最外层安全保护措施。用户每次登录数据库时都要输入用户的标识，DBMS 进行核对后，对于合法的用户授于进入系统最外层的权限。用户标识和鉴别的方法很多，常用的有：

（1）密码认证

密码是最广泛使用的用户鉴别方法。所谓密码就是 DBMS 给每个用户分配的一个字符串。系统在内部存储一个用户标识符和密码的对应表，用户必须记住自己的密码。当用户声明自己是某用户标识符用户时，DBMS 将进一步要求用户输入自己的密码。只有当用户标识符和密码符合对应关系时，系统才确认此用户，才允许该用户真正进入系统。因此，密码可以认为是用户私有的钥匙。

用户必须保管好自己的密码，不能遗忘，也不能泄露给他人。系统也必须保管好用户标识符和密码的对应表，不能允许除 DBA 以外的任何人访问此表。密码不能是容易被别人猜出来的特殊字符串，例如生日、电话号码等。用户在终端输入密码时，口令不能在终端显示，并且应允许用户错误地输入若干次。为了密码的安全，用户隔一段时间后必须更换自己的密码。一个密码长时间多次使用后，比较容易被别人窃取，因此，可以采取比较复杂的方法，例如，用户和系统共同确定一个算法，验证时，系统向用户提供一个随机数，用户根据预先约定的计算过程或计算函数进行计算，并将计算结果输送到计算机，系统根据用户计算结果判断用户是否合法。例如，算法为："密码＝随机数平方的后三位"，出现的随机数是 36，则密码是 296。

（2）身份认证

用户的身份，是系统管理员为用户定义的用户名，并记录在计算机系统或 DBMS 中。用户名是用户在计算机系统或 DBMS 中的唯一标识。因此，一般不允许用户自行修改用户名。

（3）利用用户的个人特征

用户的个人特征包括指纹、签名、声波纹等。这些鉴别方法效果不错，但需要特殊的鉴别装置。

（4）磁卡

磁卡是使用较广的鉴别手段，磁卡上记录某用户的用户标识符。使用时，用户需显示自己的磁卡，输入设备自动读入该用户的用户标识符，然后请求用户输入密码，从而鉴别用户。如果采用智能磁卡，还可把约定的复杂计算过程存放在磁卡上，结合密码和系统提供的随机数自动计算结果并把结果输入到系统中，安全性更高。

2. 存取控制

在数据库系统中，为了保证用户只能访问他有权存取的数据，必须预先对每个用户定义存取权限。对于通过鉴定获得上机权的用户（即合法用户），系统根据他的存取权限定义对他的各种操作请求进行控制，确保他只执行合法操作。

存取权限是由两个要素组成的：数据对象和操作类型。定义一个用户的存取权限就是要定义这个用户可以在哪些数据对象上进行哪些类型的操作。在数据库系统中，定义存取权限称为授权。这些授权定义经过编译后存放在数据字典中。对于获得上机权后又进一步发出存取数据库操作请求的用户，DBMS 查找数据字典，根据其存取权限对操作的合法性进行检查，若用户的操作请求超出了定义的权限，系统将拒绝执行此操作，这就是存取控制。

在非关系系统中，用户只能对数据进行操作，存取控制的数据对象也仅限于数据本身。而在关系数据库系统中，DBA 可以把建立、修改基本表的权限授予用户，用户获得此权限后可以建立和修改基本表、索引、视图。因此，关系系统中存取控制的数据对象不仅有数据本身，如表、属性列等，还有模式、外模式、内模式等数据字典中的内容。

衡量授权机制是否灵活的一个重要指标是授权粒度，即可以定义的数据对象的范围。授权定义中数据对象的粒度越细，即可以定义的数据对象的范围越小，授权机制就越灵活。

在关系系统中，实体以及实体间的联系都用单一的数据结构即"表"来表示，表由行和列组成。所以，在关系数据库中，授权的数据对象粒度包括表、属性列、行（记录）。

DBMS 一般都提供了存取控制语句进行存取权限的定义。如 SQL 就提供了 GRANT 和 REVOKE 语句实现授权和收回所授权限。

3. 视图机制

进行存取权限的控制，不仅可以通过授权来实现，而且还可以通过定义用户的外模式来提供一定的安全保护功能。在关系数据库中，可以为不同的用户定义不同的视图，通过视图机制把要保密的数据对无权操作的用户隐藏起来，从而自动地对数据提供一定程度的安全保护。但视图机制更主要的功能在于提供数据独立性，其安全保护功能不是很精细，往往不能达到应用系统的要求，因此，在实际应用中通常是视图机制与授权机制配合使用，首先用视图机制屏蔽掉一部分保密数据，然后在视图上面再进一步定义存取权限。

4. 数据加密

对于高度敏感的数据，例如财务数据、军事数据、国家机密，除以上安全性措施外，还可以采用数据加密技术，以密文形式存储和传输数据。这样即使有人通过不正常渠道获取了数据，例如利用系统安全措施的漏洞非法访问数据，或者在通信线路上窃取数据，那么也只能看到一些无法辨认的二进制代码。用户正常检索数据时，首先要提供密钥，由系统进行译码后，才能得到可识别的数据。

目前，不少数据库产品均提供了数据加密例行程序，可根据用户的要求自动对存储和传输的数据进行加密处理。另一些数据库产品虽然本身未提供加密程序，但提供了接口，允许用户用其他厂商的加密程序对数据加密。

所有提供加密机制的系统必然也提供相应的解密程序。这些解密程序本身也必须具有一定的安全性保护措施，否则数据加密的优点也就遗失殆尽了。由于数据加密和解密也是比较费时的操作，而且数据加密与解密程序会占用大量系统资源，因此，数据加密功能通常也作为可选特征，允许用户自由选择，只对高度机密的数据加密。

6.2　完整性

数据库的完整性是指数据的正确性、有效性和相容性，防止错误数据进入数据库，保证数据库中数据的质量。正确性是指数据的合法性（如学生的学号必须是唯一的）；有效性是指数据是否输入所定义的有效范围（如性别只能为男或女）；相容性是指描述同一现实的数据应该相同（如学生所在的系必须是学校已开设的系）。数据库是否具备完整性涉及数据库系统中的数据是否正确、可信和一致，保持数据库的完整性是非常重要的。

为了保证数据库的完整性，DBMS 必须提供一种功能来保证数据库中的数据是正确的，避免由于不符合语义的错误数据的输入和输出，即"垃圾进、垃圾出"所造成的无效操作或错误操作。检查数据库中数据是否满足规定的条件称为"完整性检查"。数据库中数据应满足的条件称为"完整性约束条件"，有时也称为完整性规则。

6. 2. 1 完整性约束条件

完整性检查是围绕完整性约束条件进行的，因此，完整性约束条件是完整性控制机制的核心。

完整性约束条件作用的对象可以是关系、元组、列三种。其中，列约束主要是列的类型、取值范围、精度、排序等约束条件。元组的约束是元组中各个字段间的联系的约束。关系的约束是若干元组间、关系集合上以及关系之间的联系的约束。

完整性约束条件涉及的这三类对象，其状态可以是静态的，也可以是动态的。

所谓静态约束是指数据库每一确定状态时的数据对象所应满足的约束条件，它是反映数据库状态合理性的约束，这是最重要的一类完整性约束。

动态约束是指数据库从一种状态转变为另一种状态时，新、旧值之间所应满足的约束条件，它是反映数据库状态变迁的约束。

综合上述两个方面，可以将完整性约束条件分为六类。

1. 静态列级约束

静态列级约束是对一个列取值域的说明，这是最常用也最容易实现的一类完整性约束，包括以下几种：

（1）对数据类型的约束（包括数据的类型、长度、单位、精度等）

例如，中国人姓名的数据类型规定为长度为 8 的字符型，而西方人姓名的数据类型规定为长度为 40 或以上的字符型，因为西方人的姓名较长。

（2）对数据格式的约束

例如，规定居民身份证号码的前 6 位数字表示居民户口所在地，中间 8 位数字表示居民出生日期，后 4 位数字为顺序编号，其中出生日期的格式为 YYYYMMDD。

（3）对取值范围或取值集合的约束

例如，规定学生成绩的取值范围为 0 ~ 100，性别的取值集合为［男，女］。

（4）对空值的约束

空值表示未定义或未知的值，或有意为空的值。它与零值和空格不同。有的列允许空值，有的列则不允许。例如，图书信息表中图书标识不能取空值，价格可以为空值。

（5）其他约束

例如，关于列的排序说明、组合列等。

2. 静态元组约束

一个元组是由若干个列值组成的，静态元组约束就是规定元组的各个列之间的约束关系。例如，订货关系中包含发货量、订货量等列，规定发货量不得超过订货量。

3. 静态关系约束

在一个关系的各个元组之间或者若干关系之间常常存在各种联系或约束。常见的静态关系约束有：

（1）实体完整性约束

在关系模式中定义主码，一个基本表中只能有一个主码。

（2）参照完整性约束

在关系模式中定义外码。实体完整性约束和参照完整性约束是关系模型的两个极其重要的约束，称为关系的两个不变性。

（3）函数依赖约束

大部分函数依赖约束都在关系模式中定义。

（4）统计约束

这是指字段值与关系中多个元组的统计值之间的约束关系。例如，规定职工平均年龄不能大于 50 岁。这里，职工的平均年龄是一个统计值。

4. 动态列级约束

动态列级约束是修改列定义或列值时应满足的约束条件，包括下面两方面：

（1）修改列定义时的约束

例如，将允许空值的列改为不允许空值时，如果该列目前已存在空值，则拒绝这种修改。

（2）修改列值时的约束

修改列值有时需要参照其旧值，并且新旧值之间需要满足某种约束条件。例如，职工工资调整不得低于其原来工资，学生年龄只能增长等。

5. 动态元组约束

动态元组约束是指修改元组中各个字段间需要满足某种约束条件。例如，职工工资调整时，新工资不得低于原"工资＋工龄×2"等。

6. 动态关系约束

动态关系约束是加在关系变化前后状态上的限制条件，例如，事务一致性、原子性等约束条件。

以上六类完整性约束条件的含义可用表 6-1 进行概括。

当然，完整性的约束条件可以从不同角度进行分类，因此会有多种分类方法。

表 6-1　完整性约束条件

状态　　粒度	列　　级	元　组　级	关　系　级
静态	列定义 ● 类型 ● 格式 ● 值域 ● 空值	元组值应满足的条件	● 实体完整性约束 ● 参照完整性约束 ● 函数依赖约束 ● 统计约束
动态	改变列定义或列值	元组新旧值应满足的约束条件	关系新旧状态间应满足的约束条件

6.2.2 完整性控制

DBMS 的完整性控制机制应具有三个方面的功能：

- 定义功能，提供定义完整性约束条件的机制。
- 检查功能，检查用户发出的操作请求是否违背了完整性约束条件。
- 如果发现用户的操作请求使数据违背了完整性约束条件，则采取恰当的操作，例如，拒绝操作、报告违反情况、改正错误等方法来保证数据的完整性。

完整性约束条件包括六大类，约束条件可能非常简单，也可能极为复杂。一个完善的完整性控制机制应该允许用户定义所有这六类完整性约束条件。

下面介绍完整性控制的一般方法。

1. 约束可延迟性

SQL 标准中所有约束都定义有延迟模式和约束检查时间。

（1）延迟模式

约束的延迟模式分为立即执行约束和延迟执行约束。立即执行约束是在执行用户事务时，对事务的每一更新语句执行完后，立即对数据应满足的约束条件进行完整性检查。延迟执行约束是指在整个事务执行结束后才对数据应满足的约束条件进行完整性检查，检查正确方可提交。例如，银行数据库中"借贷总金额应平衡"的约束就应该是延迟执行的约束，从账号 A 转一笔资金到账号 B 为一个事务，从账号 A 转出资金后账就不平了，必须等转入账号 B 后账才能重新平衡，这时才能进行完整性检查。如果发现用户操作请求违背了完整性约束条件，系统将拒绝该操作，但对于延迟执行的约束，系统将拒绝整个事务，把数据库恢复到该事务执行前的状态。

（2）约束检查时间

每一个约束定义还包括初始检查时间规范，分为立即检查和延迟检查。立即检查时约束的延迟模式可以是立即执行约束或延迟执行约束，其约束检查时在每一事务开始就是立即方式。延迟检查时约束的延迟模式只能是延迟执行约束，且其约束检查时在每一事务开始就是延迟方式。延迟执行约束可以改变约束检查时间。

延迟模式和约束检查时间之间的联系如表 6-2 所示。

表6-2 延迟模式和约束检查时间之间的联系

延 迟 模 式	立即执行约束	延迟执行约束	
约束初始检查时间	立即检查	立即检查	延迟检查
约束检查时间的可改变性	不可改变	可改变为延迟方式	可改变为立即方式

2. 实现参照完整性要考虑的几个问题

在关系系统中，最重要的完整性约束是实体完整性和参照完整性，其他完整性约束条件则可以归入用户定义的完整性。

下面详细讨论实现参照完整性要考虑的几个问题。

（1）外码能否接受空值问题

在实现参照完整性时，除了应该定义外码以外，还应该根据应用环境确定外码列是否允许取空值。例如，学生数据库包含学生表 Student 和选课表 Score，其中 Score 关系的主码为学号和课程编号构成的复合主码，外码为学号、课程编号，Student 关系的主码为学号，称 Score 为参照关系，Student 为被参照关系。

Score 关系中，某一元组的学号列若为空值，表示已有的一条选课记录学号未知，或者课程编号列为空值，表示已有的一条选课记录所选课程编号未知，以上情况和应用环境的语义是不相符的，因此 Score 的学号列不可以取空值。再看下面这个关系，Student 表中学号是主键，Student 为参照关系，外部键为班级编号，Class 为被参照关系，其主码为班级编号。若 Student 的班级编号为空值，则表明该生目前尚未分配到某一班级，这与应用环境是相符的，因此，Student 的班级编号列可以取空值。

（2）在被参照关系中删除元组的问题

如果要删除被参照关系的某个元组（即要删除一个主码值），而参照关系存在若干元组，其外码值与被参照关系删除元组的主码值相同，那么对参照关系有什么影响，由定义外码时参照动作决定。有五种不同的策略：

1）无动作（NO ACTION）。对参照关系没有影响。

2）级联删除（CASCADES）。将参照关系中所有外码值与被参照关系中要删除元组主码值相同的元组一起删除。如果参照关系同时又是另一个关系的被参照关系，则这种删除操作会继续级联下去。

例如，在 SQL Server 2000 的示例数据库 Pubs 中，Titleauthor 的关系描述如下：

Titleauthor（au_id，title_id，au_ord，royaltyper）

在 Titleauthor 关系中，au_id 和 title_id 是关系的主码，同时也是关系的外码。

如果将 Authors 关系中 au_id =′A001′的元组删除，则上面 Titleauthor 关系中多个 au_id =′A001′的元组一起删除。

3）受限删除（RESTRICT）。只有当参照关系中没有任何元组的外码值与要删除的被参照关系中元组的主码值相同时，系统才能执行删除操作，否则拒绝此删除操作。例如，对于上面的情况，系统将拒绝删除 Authors 关系中 au_id =′A001′的元组。

4）置空值删除（SET NULL）。删除被参照关系的元组，并将参照关系中所有与被参照关系中被删元组主码值相应外码值均置为空值。例如，将上面 Titleauthor 关系中所有 au_id =′A001′的元组的 au_id 值置为空值。

5）置默认值删除（SET DEFAULT）。与上述置空值删除方式类似，只是把外码值均置为预先定义好的默认值。

对于这五种方法，哪一种是合适的呢？这要依应用环境的语义来定。例如，在 Pubs 示例数据库中，要删除 Authors 关系中 au_id =′A001′的元组，而 Titleauthor 关系中又有多个元组的 au_id 都等于′A001′。显然第 2）种方法是对的。因为当一个作者信息从 Authors 表中删除了，他在图书作者联系表 Titleauthor 中记录也应随之删除。

（3）在参照关系中插入元组时的问题

例如，向 Titleauthor 关系插入（′A001′,′T001′, 1, 20）元组，而 Authors 关系中尚没有 au_id =′A001′的作者，一般地，当参照关系插入某个元组，而被参照关系不存在相应的元组，其主码值与参照关系插入元组的外码值相同，这时可有以下策略：

1）受限插入。仅当被参照关系中存在相应的元组，其主码值与参照关系插入元组的外码值相同时，系统才执行插入操作，否则拒绝此操作。

例如，对于上面的情况，系统将拒绝向 Titleauthor 关系插入（'A001'，'T001'，1，20）元组。

2）递归插入。首先向被参照关系中插入相应的元组，其主码值等于参照关系插入元组的外码值，然后向参照关系插入元组。

例如，对如上面的情况，系统将首先向 Authors 关系插入 au_id = 'A001'的元组，然后向 Titleauthor 关系插入（'A001'，'T001'，1，20）元组。

（4）修改关系中主码的问题

1）不允许修改主码。在有些关系数据库系统中，修改关系主码的操作是不允许的，例如，不能用 UPDATE 语句将作者标识'A001'改为'A002'。如果需要修改主码值，只能先删除该元组，然后再把具有新主码值的元组插入到关系中。

2）允许修改主码。在有些关系数据库系统中，允许修改关系主码，但必须保证主码的唯一性和非空，否则拒绝修改。当修改的关系是被参照关系时，还必须检查参照关系是否存在这样的元组，其外码值等于被参照关系要修改的主码值。

例如，要将 Authors 关系中 au_id = 'A001'的 au_id 值改为'A111'，而 Titleauthor 关系中有多个元组的 au_id = 'A001'，这时，与（前面第（2）点）在被参照关系中删除元组的情况类似，可以有无动作、级联修改、拒绝修改、置空值修改、置默认值修改五种策略加以选择。

当修改的关系是参照关系时，还必须检查被参照关系是否存在这样的元组，其主码值等于被参照关系要修改的外码值。

例如，要把 Titleauthor 关系中（'A001'，'T001'，1，20）元组修改为（'A111'，'T001'，1，20），而 Authors 关系中尚没有 au_id = 'A111'的作者，这时，与（前面第（3）点）在参照关系中插入元组时情况类似，可以有受限插入和递归插入两种策略加以选择。

从上面的讨论可看到 DBMS 在实现参照完整性时，除了要提供定义主码、外码的机制外，还需要提供不同的策略供用户选择。选择哪种策略，都要根据应用环境的要求确定。

3. 断言与触发器机制

（1）断言

如果完整性约束牵涉面广，与多个关系有关，或者与聚合操作有关，那么可以使用 SQL92 提供的"断言"（Assertion）机制让用户编写完整性约束。

（2）触发器

前面提到的一些约束机制，属于被动的约束机制。在检查出对数据库的操作违反约束后，只能做些比较简单的动作，例如，拒绝服务。如果我们希望在某个操作后，系统能自动根据条件转去执行各种操作，甚至执行与原操作无关的操作，那么还可以通过触发器（Trigger）机制来实现。所谓触发器就是一类靠事件驱动的特殊过程，任何用户对该数据的增、删、改操作均由服务器自动激活相应的触发器，在核心层进行集中的完整性控制。一个触发器由事件、动作和条件三部分组成。

6.3 并发控制

在多用户和网络环境下，数据库是一个共享资源，多个用户或应用程序同时对数据库的同一数据对象进行读写操作，这种现象称为并发操作。显然，并发操作可以充分利用系统资源，提高系统效率，但是如果对并发不进行控制就会造成一些错误。对并发操作进行的控制称为并发控制。并发控制机制是评价一个 DBMS 的重要性能指标之一。

6.3.1 并发控制概述

1. 事务的概念

所谓事务，是用户定义的一个数据库操作序列，这些操作要么全做、要么全不做，是一个不可分割的工作单位。例如，在关系数据库中，一个事务可以是一条 SQL 语句、一组 SQL 语句或整个程序。事务和程序是两个概念。一般地讲，一个程序中包含多个事务。

事务的开始与结束可以由用户显式定义。如果用户没有显式地定义事务，则由 DBMS 按默认自动划分事务。在 SQL 语言中，定义事务的语句有三条：

BEGIN TRASACTION

COMMIT

ROLLBACK

事务通常是以 BEGIN TRASACTION 开始，以 COMMIT 或 ROLLBACK 结束。COMMIT 的作用是提交，即提交事务的所有操作。事务提交是将事务中所有对数据的更新写回到磁盘上的物理数据库中去，事务正常结束。ROLLBACK 的作用是回滚，即在事务运行的过程中发生了某种故障，事务不能继续执行，系统将事务中对数据库的所有已完成的操作全部撤销，回滚到事务开始时的状态。

事务具有四个特性，即原子性、一致性、隔离性和持续性。

① 原子性（Atomicity）：事务中包括的所有操作要么全做，要么全不做。也就是说，事务是作为一个整体单位被处理，不可以被分割。

② 一致性（Consistency）：事务执行的结果必须使数据库处于一致性状态。当数据库中包含成功事务提交的结果时，就说数据库处于一致性状态。

③ 隔离性（Isolation）：一个事务的执行不能被其他事务干扰，即一个事务内部的操作及使用的数据对其他并发事务是隔离的，并发执行的各个事务之间不能互相干扰。

④ 持久性（Durability）：一个事务一旦提交，它对数据库中的数据的改变就是永久性的，接下来的其他操作或故障不应该对其执行结果有任何影响。

事务的这些特性由数据库管理系统中并发控制机制和恢复机制保障。

2. 并发操作可能产生的问题

这里以库存管理为例，说明对并发操作不加以限制会产生数据不一致性问题。这些问题共三类。

(1) 丢失修改

假设某产品库存量为 50，现在购入产品 100 个，执行入库操作，库存量加 100；用掉

40 个，执行出库操作，库存量减 40。分别用事务 1 和事务 2 表示入库和出库操作任务。

例如，同时发生入库和出库操作，这就形成并发操作。事务 1 读取库存后，事务 2 也读取了同一个库存；事务 1 修改库存，回写更新后的值；事务 2 修改库存，也回写更新后的值。此时库存为事务 2 回写的值，事务 1 对库存的更新丢失。如表 6-3 所示的并发操作执行顺序，发生了"丢失修改"错误。

表6-3 并发操作-丢失修改

顺　序	任　务	操　作	库 存 量
1	事务 1	读库存量	50
2	事务 2	读库存量	50
3	事务 1	库存量 = 50 + 100	
4	事务 2	库存量 = 50 − 40	
5	事务 1	写库存量	150
6	事务 2	写库存量	10

（2）读"脏"数据

当事务 1 和事务 2 并发执行时，在事务 1 对数据库更新的结果没有提交之前，事务 2 使用了事务 1 的结果，而事务 1 操作之后事务又回滚，这时，引起的错误是事务 2 读取了事务 1 的"脏"数据。表6-4 所示的执行过程就产生了这种错误。

表6-4 事务2使用事务1的"脏"数据的过程

顺　序	任　务	操　作	库 存 量
1	事务 1	读库存量	50
2	事务 1	库存量 = 50 + 100	
3	事务 1	写库存量	150
4	事务 2	读库存量	150
5	事务 2	库存量 = 150 − 40	150
6	事务 1	ROLLBACK	50
7	事务 2	写库存量	110

（3）不可重复读

当事务 1 读取数据 A 后，事务 2 执行了对 A 的更新，当事务 1 再次读取数据 A 时，得到的数据与前一次不同，这时引起的错误称为"不可重复读"。表 6-5 所示的并发操作执行过程，发生了"不可重复读"错误。

并发操作之所以产生错误，是因为任务执行期间相互干扰造成的。当将任务定义成事务，事务具有的特性（特别是隔离性）得以保证，就会避免上述错误的发生。但是，如果只允许事务串行操作会降低系统的效率。所以，多数 DBMS 采用事务机制和封锁机制进行并发控制，既保证了数据的一致性，又保障了系统效率。

159

表 6-5　事务 1 对数据 A "不可重复读" 的过程

顺　　序	任　　务	操　　作	库存量 A	入库量 B
1	事务 1	读 A = 50	50	100
2	事务 1	读 B = 100		
3	事务 1	求和 = 50 + 100		
4	事务 2	读 B = 100	50	
5	事务 2	B = B * 4		
6	事务 2	写回 B = 400	50	400
7	事务 1	读 A = 50	50	
8	事务 1	读 B = 400		
9	事务 1	和 = 450（验算不对）		

分析以上三种错误的原因，不难看出，上述三个操作序列违背了事务的四个特性。在产生并发操作时如何确保事务的特性不被破坏，避免上述错误的发生，这就是并发控制要解决的问题。

6.3.2　并发操作的调度

计算机系统对并行事务中并行操作的调度是随机的，而不同的调度可能会产生不同的结果，那么哪个结果是正确的、哪个结果是不正确的呢？

如果一个事务运行过程中没有其他事务在同时运行，也就是说它没有受到其他事务的干扰，那么就可以认为该事务的运行结果是正常的或者预想的。因此，将所有事务串行起来的调度策略一定是正确的调度策略。虽然以不同的顺序串行执行事务也有可能会产生不同的结果，但由于不会将数据库置于不一致状态，所以都可以认为是正确的。由此可以得到如下结论：当且仅当几个事务的并行执行的结果与按某一次序串行地执行它们时的结果相同时，并行执行是正确的。我们称这种并行调度策略为可串行化的调度。可串行性是并行事务正确性的唯一准则。

例如，现在有两个事务，分别包含下列操作：

事务 1：读 B；A = B + 1；写回 A；

事务 2：读 A；B = A + 1；写回 B；

假设 A 的初值为 10，B 的初值为 2。图 6-1 给出了对这两个事务的三种不同的调度策略。a）和 b）为两种不同的串行调度策略，虽然执行结果不同，但它们都是正确的调度。c）中两个事务是交错执行的，由于其执行结果与 a）、b）的结果都不同，所以是错误的调度。d）中两个事务也是交错执行的，由于其执行结果与串行调度 a）的执行结果相同，所以是正确的调度。

为了保证并行操作的正确性，DBMS 的并行控制机制必须提供一定的手段来保证调度是可串行化的。

从理论上讲，在某一事务执行时禁止其他事务执行的调度策略一定是可串行化的调度，这也是最简单的调度策略，但这种方法实际上是不可行的，因为它使用户不能充分共

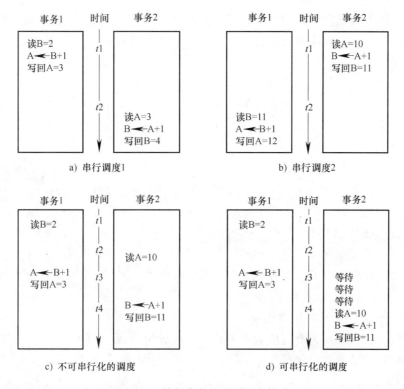

图 6-1　并行事务的不同调度策略

享数据库资源。

目前 DBMS 普遍采用封锁方法来保证调度的正确性，即保证并行操作调度的可串行性。除此之外，还有其他一些方法，如时标方法、乐观方法等。

6.3.3　封锁

1. 封锁及封锁的类型

封锁机制是并发控制的主要手段。封锁是使事务对它要操作的数据有一定的控制能力。封锁具有三个环节：第一个环节是申请加锁，第二个环节是获得锁，第三个环节是释放锁。为了达到封锁的目的，在使用时应选择合适的锁，并要遵从一定的封锁协议。

基本的封锁类型有两种：排他锁（X 锁）和共享锁（S 锁）。

排他锁，也称为独占锁或写锁。

一旦事务 T 对数据对象 A 加排他锁，则只允许 T 读取和修改 A，其他任何事务既不能读取和修改 A，也不能再对 A 加任何类型的锁，直到 T 释放 A 上的锁为止。

共享锁，又称读锁。

如果事务 T 对数据对象 A 加上共享锁（S 锁），其他事务对 A 只能再加 S 锁，不能加 X 锁，直到事务 T 释放 A 上的 S 锁为止。

2. 封锁协议

简单地对数据加 X 锁或 S 锁并不能保证数据库的一致性。在对数据对象加锁时，还需要约定一些规则。例如，何时申请 X 锁和 S 锁、持锁时间、何时释放等。这些规则称为封锁协议。对封锁方式规定不同的规则，就形成了各种不同的封锁协议。封锁协议分三级，各级封锁协议针对并发操作带来的丢失修改、不可重复读和读"脏"数据等不一致问题，可以在不同程度上予以解决。

（1）一级封锁协议

事务 T 在修改数据之前必须先对其加 X 锁，直到事务结束才释放。一级封锁协议能有效地防止"丢失修改"。

（2）二级封锁协议

事务 T 对要修改数据必须先加 X 锁，直到事务结束后才释放 X 锁；对要读取的数据必须先加 S 锁，读完后即可释放 S 锁。二级封锁协议不但能防止丢失修改，还可以进一步防止读"脏"数据。

（3）三级封锁协议

事务 T 在读取数据之前必须先对其加 S 锁，在要修改数据之前必须先对其加 X 锁，直到事务结束后才释放所有锁。三级封锁协议不但防止了丢失修改和不读"脏"数据，而且防止了不可重复读。

3. 封锁出现的问题及解决办法

事务使用封锁机制后，有可能会产生活锁、死锁等问题，DBMS 必须妥善地解决这些问题，才能保障系统的正常运行。

（1）活锁

如果事务 T1 封锁了数据 R，T2 事务又请求封锁 R，于是 T2 等待；T3 也请求封锁 R，当 T1 释放了 R 上的封锁之后系统首先批准了 T3 的要求，T2 仍然等待；然后 T4 又请求封锁 R，当 T3 释放了 R 上的封锁之后系统又批准了 T4 的请求……。这种情况下，T2 有可能永远等待。这种在多个事务请求对同一数据封锁时，使某一用户总是处于等待的状态称为活锁。

解决活锁问题的方法是先来先服务。

（2）死锁

如果事务 T1 和 T2 都需要数据 R1 和 R2，操作时 T1 封锁了数据 R1，T2 封锁了数据 R2；然后 T1 又请求封锁 R2，T2 又请求封锁 R1；因 T2 已封锁了 R2，故 T1 等待 T2 释放 R2 上的锁。同理，因 T1 已封锁了 R1，故 T2 等待 T1 释放 R1 上的锁。由于 T1 和 T2 都没有获得全部需要的数据，所以它们不会结束，只能继续等待。这种多事务交错等待的僵持局面称为死锁。

数据库中解决死锁问题主要有两类方法：一类方法是采用一定措施来预防死锁发生的方法；另一类方法是允许死锁发生，然后采用一定手段定期诊断系统中有无死锁，若有则解除，即检索死锁并解除。

4. 封锁粒度

封锁粒度是指封锁对象的大小。封锁对象可以是逻辑单元，也可以是物理单元。以关系数据库为例，封锁对象可以是属性值、属性值集合、元组、关系、直至整个数据库；也可以是物理单元，如索引项等。封锁粒度与系统的并发度和并发控制的开销密切相关。封锁的粒度越小，并发度越高，系统开销越大；封锁的粒度越大，并发度越低，系统开销也越小。

6.4 数据恢复

尽管数据库系统中采取了各种保护措施来保障数据库的安全性和完整性不被破坏、保证并发事务能够正确执行，但是计算机系统中的硬件故障、软件故障、操作失误以及恶意破坏仍然是不可避免的。这些故障轻则造成运行事务非正常中断，影响数据库中数据的正确性，重则破坏数据库，使数据库中全部或部分数据丢失。因此，数据库管理系统必须具有把数据库从错误状态恢复到某一已知的正确状态的功能，这就是数据恢复功能。数据库系统采用的恢复技术是否行之有效，不仅对系统的可靠程度起着决定性作用，而且对系统的运行效率也有很大影响，它是衡量系统性能优劣的重要指标之一。

6.4.1 故障的种类及恢复

数据库系统中发生的故障是多种多样的，大致可以归结为以下几类。

1. 事务内部故障

事务内部故障有的可以通过事务程序本身发现，但是更多的则是非预期的，不能由事务处理程序处理，例如运算溢出、并发事务发生死锁而被选中撤销该事务、违反了某些完整性约束等。

事务故障意味着事务没有达到预期的终点，因此数据库可能处于不正确状态。恢复程序的任务就是在不影响其他事务运行的情况下，强行回滚该事务，即撤销该事务已经做出的任何对数据库的修改，使得该事务好像根本没有启动一样。这类恢复操作称为事务撤销。

2. 系统故障

系统故障是指造成系统停止运转，必须重新启动系统的任何事件。例如，特定类型的硬件故障、操作系统故障、DBMS 代码错误、数据库服务器出错以及其他自然原因等。这类故障影响正在运行的所有事务，但是并不破坏数据库。这时数据库缓冲区中的内容都丢失，所有事务都非正常终止。系统故障主要有两种情况：

1）发生故障时，一些尚未完成的事务的部分结果已经送入物理数据库，从而造成数据库可能处于不正确的状态。为保证数据一致性，需要清除这些事务对数据库的所有修改。在这种情况下，恢复子系统必须在系统重新启动时让所有非正常终止的事务回滚，强行撤销所有未完成的事务。

2）发生系统故障时，有些已完成的事务有一部分甚至全部留在缓冲区，尚未写回到磁盘上的物理数据库中。系统故障使得这些事务对数据库的修改部分或全部丢失，这也会使数据库处于不一致状态，因此应将这些事务已提交的结果重新写入数据库。这种情况下，系统重新启动后，恢复子系统除了需要撤销所有未完成的事务外，还需要重做所有已提交的事务，以使数据库真正恢复到一致状态。

3. 介质故障

介质故障称为硬故障，是指外存故障，例如磁盘损坏、磁头碰撞、瞬时磁场干扰等。这类故障会破坏数据库或部分数据，并影响正在存取这部分数据的所有事务。介质故障虽然发生的可能性小，但是它的破坏性却是最大的，有时会造成数据的无法恢复。

4. 计算机病毒

计算机病毒是由一些人恶意编制的会造成故障或破坏的计算机程序。这种程序与其他程序不同,它可以像微生物学所称的病毒一样进行繁殖和传播,并造成对计算机系统包括数据库系统的破坏。

5. 用户操作错误

在某些情况下,由于用户有意或无意的操作也可能删除数据库中的有用的数据或加入错误的数据,这同样会造成一些潜在的故障。

6.4.2 恢复的实现技术

数据恢复涉及两个关键问题:建立备份数据,利用这些备份数据实施数据库恢复。数据恢复最常用的技术是建立数据转储和利用日志文件。

1. 数据转储

数据转储是数据库恢复中采用的基本技术。数据转储就是数据库管理员定期地将整个数据库复制到其他存储介质上保存形成备用文件的过程。这些备用的数据文件称为后备副本。当数据库遭到破坏后可以将后备副本重新载入,并重新执行自转储以后的所有更新事务。

数据转储十分耗费时间和资源,不能频繁进行。数据库管理员应该根据数据库使用情况确定一个适当的转储周期和转储策略。数据转储有以下几类:

(1)静态转储和动态转储

1)静态转储是指在转储过程中,系统不运行其他事务,专门进行数据转储工作。在静态转储操作开始时,数据库处于一致性状态,而在转储期间不允许其他事务对数据库进行任何存取、修改操作,数据库仍处于一致状态。

2)动态转储是指在转储过程中,允许其他事务对数据库进行存取或修改操作的转储方式。也就是说,转储和用户事务并发执行。动态转储不用等待正在运行的事务结束,也不会影响新事务的开始。动态转储的主要缺点是后备副本中的数据并不能保证正确有效。

由于动态转储是动态进行的,这样后备副本中存储的就可能是过时的数据。因此,有必要把转储期间各事务对数据库的修改活动登记下来,建立日志文件,使得后备副本加上日志文件能够把数据库恢复到某一时刻的正确状态。

(2)海量转储和增量转储

1)海量转储是指每次转储全部数据库。海量转储能够得到后备副本,利用后备副本能够比较方便地进行数据恢复工作。但对于数据量大和更新频率高的数据库,不适合频繁地进行海量转储。

2)增量转储是指每次只转储上一次转储后更新过的数据。增量转储适用于数据库较大、事务处理又十分频繁的数据库系统。

由于数据转储可在动态和静态两种状态下进行,因此数据转储方法可以分四类:动态海量转储、动态增量转储、静态海量转储和静态增量转储。

2. 登记日志文件

(1)日志文件的格式和内容

日志文件是用来记录对数据库的更新操作的文件。不同的数据库系统采用的日志文件格式不完全相同。日志文件主要有以记录为单位的日志文件和以数据块为单位的日志文件。

以记录为单位的日志文件中需要登记的内容包括：每个事务的开始标记、结束标记和所有更新操作，这些内容均作为日志文件中的一个日志记录。对于更新操作的日志记录，其内容主要包括：事务标识、操作的类型、操作对象、更新前数据的旧值及更新后数据的新值。

以数据块为单位的日志文件内容包括事务标识和更新的数据块。由于更新前后的各数据块都放入了日志文件，所以操作的类型和操作对象等信息就不必放入日志记录。

（2）日志文件的作用

日志文件能够用来进行事务故障恢复、系统故障恢复，并能协助后备副本进行介质故障恢复。当数据库文件毁坏后，可重新装入后备副本把数据库恢复到转储结束时刻的正确状态，再利用建立的日志文件，可以把已完成的事务进行重做处理，而对于故障发生时尚未完成的事务则进行撤销处理，这样不用运行应用程序就可把数据库恢复到故障前某一时刻的正确状态。

（3）登记日志文件

为保证数据库的可恢复性，登记日志文件时必须遵循两条原则：一是登记的次序严格按事务执行的时间次序；二是必须先写日志文件，后写数据库。

把对数据的修改写到数据库中和把表示这个修改的日志记录写到日志文件中是两个不同的操作。这两个写操作只完成了一个时，可能会发生故障。如果先写了数据库修改，而在运行记录中没有登记这个修改，则以后无法恢复这个修改。如果先写日志，但没有修改数据库，按日志文件恢复时只是多执行一次不必要 UNDO 操作，并不影响数据库的正确性。所以为了安全，一定要先写日志文件后写数据库。

6.5 数据库复制与数据库镜像

随着数据库技术的发展，许多新技术也可以用于并发控制和恢复，这就是本节要介绍的数据库复制和数据库镜像技术。目前许多商用数据库管理系统都在不同程度上提供了数据库复制和数据库镜像功能。

6.5.1 数据库复制

复制是使数据库更具容错性的方法，主要用于分布式结构的数据库中。它在多个场地保留多个数据库备份，这些备份可以是整个数据库的副本，也可以是部分数据库的副本。各个场地的用户可以并发地存取不同的数据库副本，例如，当一个用户为修改数据对数据库加了排他锁，其他用户可以访问数据库的副本，而不必等待该用户释放锁。这就进一步提高了系统的并发度。但 DBMS 必须采取一定手段保证用户对数据库的修改能够及时地反映到其所有副本上。另一方面，当数据库出现故障时，系统可以用副本对其进行联机恢复，而在恢复过程中，用户可以继续访问该数据库的副本，而不必中断应用（如图 6-2 所示）。

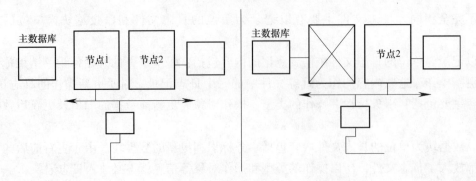

图 6-2　数据复制

数据库复制通常有三种方式：对等复制、主/从复制和级联复制，如图 6-3、6-4、6-5
所示。不同的复制方式提供了不同程度的数据一致性。

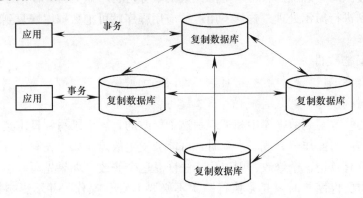

图 6-3　对等复制

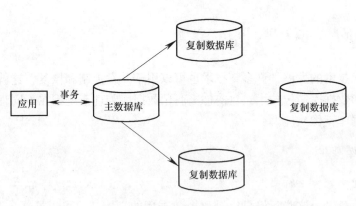

图 6-4　主/从复制

对等复制（peer-to-peer）是最理想的复制方式。在这种方式下，各个场地的数据库
地位是平等的，可以互相复制数据。用户可以在任何场地读取和更新公共数据集，在某一
场地更新公共数据集时，DBMS 会立即将数据传送到所有其他副本。

主/从复制（master/slave）即数据只能从主数据库中复制到从数据库中。更新数据只
能在主场地上进行，从场地供用户读数据。但当主场地出现故障时，更新数据的应用可以

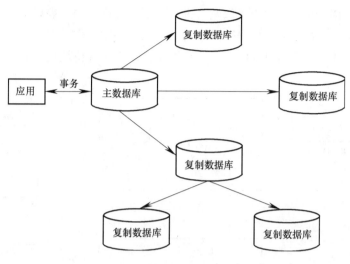

图 6-5 级联复制

转到其中一个复制场地上去。这种复制方式实现起来比较简单，易于维护数据一致性。

级联复制（cascade）是指从主场地复制过来的数据又从该场地再次复制到其他场地，即 A 场地把数据复制到 B 场地，B 场地又把这些数据或其中部分数据再复制到其他场地。级联复制可以平衡当前各种数据需求对网络交通的压力。例如，要将数据传送到整个欧洲，可以首先把数据从纽约复制到巴黎，然后再把其中部分数据从巴黎复制到各个欧洲国家的主要城市。级联复制通常与前两种配置联合使用。

DBMS 在使用复制技术时必须做到以下几点：

第一、数据库复制必须对用户透明。用户不必知道 DBMS 是否使用复制技术、使用的是什么复制方式。

第二，主数据库和各个复制数据库在任何时候都必须保持事务的完整性。

第三，对于对异步的可在任何地方更新的复制方式，当两个应用在两个场地同时更新同一记录，一个场地的更新事务尚未复制到另一个场地时，第二个场地已开始更新，这时就可能引起冲突。DBMS 必须提供控制冲突的方法，包括各种形式的自动解决方法及人工干预方法。

6.5.2 数据库镜像

介质故障是对系统影响最为严重的一种故障。系统出现介质故障后，用户应用全部中断，而恢复起来也比较费时。为了能够将数据库从介质故障中恢复过来，DBA 必须周期性地转储数据库，这加重了 DBA 的负担。如果 DBA 忘记了转储数据库，一旦发生介质故障，会造成较大的损失。

为避免介质磁盘出现故障影响数据库的可用性，DBMS 还可以提供日志文件和数据库镜像（mirror），即根据 DBA 的要求，自动把整个数据库或其中的关键数据复制到另一个磁盘上，每当主数据库更新时，DBMS 会自动把更新后的数据复制过去，即 DBMS 自动保证镜像数据与主数据的一致性。这样，一旦出现介质故障，可由镜像磁盘继续提供数据库

167

的可用性，同时 DBMS 自动利用镜像磁盘进行数据库的恢复，不需要关闭系统和重装数据库副本。在没有出现故障时，数据库镜像还可以用于并发操作。即当一个用户对数据库加排他锁修改数据时，其他用户可以读镜像数据库，而不必等待该用户释放锁，数据库镜像如图 6-6 所示。

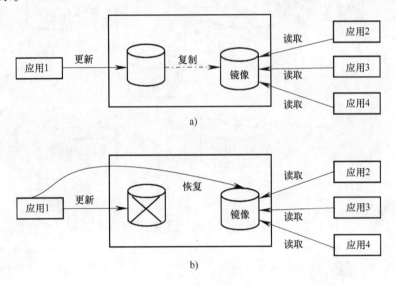

图 6-6　数据库镜像

由于数据库镜像是通过复制数据实现的，频繁地复制数据自然会降低系统运行效率，因此在实际应用中用户往往只选择对关键数据镜像，如对日志文件镜像，而不是对整个数据库进行镜像。

6.6　小结

本章主要介绍了数据保护的相关知识，首先介绍数据库安全的意义和安全控制的四种方法，分别是用户标识与鉴别、存取控制、视图机制和数据加密。其次结合前面章节内容，介绍完整性约束的内容和完整性控制的方法。然后介绍了并发控制的相关理论及数据恢复的实现技术以及数据库复制与数据库镜像等内容。

习　题

一、选择题

1. 以下（　　）不属于实现数据库系统安全性的主要技术和方法。

A. 存取控制技术　　　　　　　　　　　B. 视图技术

C. 数据加密　　　　　　　　　　　　　D. 出入机房登记和加锁

2. SQL 的 GRANT 和 REVOKE 语句主要是用来维护数据库的（　　）。

A. 完整性　　　　　B. 可靠性　　　　　C. 安全性　　　　　D. 一致性

3. 在数据库的安全性控制中，授权的数据对象的（　　），授权子系统就越灵活。

A. 范围越小　　　　　B. 约束越细致　　　　C. 范围越大　　　　　　D. 约束范围大

4. 下述是 SQL 中的数据控制命令的是（　　　）。

A. GRANT　　　　　　B. COMMIT　　　　　　C. UPDATE　　　　　　D. SELECT

5. 下面不是数据库系统必须提高的数据控制功能的是（　　　）。

A. 安全性　　　　　　B. 可移植性　　　　　　C. 完整性　　　　　　D. 并发控制

6. 数据库的（　　　）是指数据的正确性和相容性。

A. 安全性　　　　　　B. 完整性　　　　　　C. 并发控制　　　　　D. 恢复

7. 事务的原子性是指（　　　）。

A. 事务中包括的所有操作要么都做，要么都不做

B. 事务一旦提交，对数据库的改变是永久的

C. 一个事务内部的操作及使用的数据对并发的其他事务是隔离的

D. 事务必须是使数据库从一个一致性到另一个一致性状态

8. （　　　）是 DBMS 的基本单位，它是用户定义的一组逻辑一致的程序序列。

A. 程序　　　　　　　B. 命令　　　　　　　C. 事务　　　　　　　D. 文件

二、简答题

1. 什么是数据库的安全性？实现数据库安全性控制的常用方法有哪些？

2. 什么是数据库的完整性？关系数据库中有哪些完整性约束条件？

3. 并发操作可能会产生哪几类数据不一致？用什么方法能避免各种不一致的情况？

4. 什么是事务？简述事务的 ACID 特性。

5. 基本的封锁类型有几种？试述它们的含义。

第 7 章

数据库实验

数据库实验是将数据库相关理论应用于数据库产品中。通过对数据库的维护，读者可进一步了解数据库软件包括的各项元素及各项功能。本章设计了数据库实验操作内容，通过实验操作，读者可进一步了解数据库产品，熟悉数据库产品的应用。

本章实验主要包括数据库的创建和维护、数据库中其他元素（数据表、视图、存储过程等）的创建和维护、数据库程序设计、数据库备份、数据转换、数据库安全管理等。

本章实验在 SQL Server 软件下完成，具体版本可以选择 2000、2005 或者 2008（推荐使用此版本）。实验主要包括两类操作，一类是使用 SQL 命令完成，另一类是使用数据库设计器完成，请读者根据实验的具体说明及数据库软件环境完成相关实验操作。

本章实验创建了一个名为"学生"的数据库，在每个实验没有特别说明的情况下，一律在"学生"数据库中进行实验操作。

7.1 创建数据库

【实验目的】

1. 掌握创建数据库的方法。
2. 掌握创建数据表的方法。
3. 掌握完整性的定义方法。
4. 掌握创建及删除索引的方法。
5. 掌握修改表结构的方法。

【实验内容】

1. 创建数据库

① 创建一个数据库，名称为"test"，使用默认的其他选项。

② 创建一个数据库，具体要求如下：

- 数据库名称：学生；
- 行数据初始大小：5MB；
- 自动增长百分比：20%；
- 限制文件增长：50MB；
- 其他使用默认值。

2. 修改数据库

修改"test"数据库，修改结果如下：

- 数据文件存放于 D 盘根目录；
- 日志文件存放于 E 盘根目录；
- 行数据初始大小：10MB。

3. 删除数据库

删除"test"数据库。

提示：此实验做完以后，留下名称为"学生"的数据库，作为今后其他实验使用。

4. 创建数据表

① 在"学生"数据库中创建数据表，表名为"产品"，表的结构如表 7-1 所示。

表 7-1　产品表的结构

列　　名	数据类型	长　　度	允　许　空	默　认　值	备　　注
产品编号	char	6			主码
名称	varchar	20			
单位	varchar	10			单位必须是：个、台、箱
单价	int	4	√		单价 >0
折扣	bit		√	0	

② 使用设计器创建两个表，表的结构如表 7-2 和表 7-3 所示。

表 7-2　class 表的结构

列　　名	数据类型	长　　度	允　许　空	备　　注
班级编号	varchar	10		主码
班级名称	varchar	20		
所属专业	varchar	20		
班级人数	int	4	√	

约束及索引：

- 班级编号列为主码。
- 班级人数列的取值范围是 [20，40]，约束名为 ck_class_rs。

表 7-3　student 表的结构

列　　名	数据类型	长　　度	允　许　空	备　　注
学号	char	10		主码
姓名	varchar	8		
性别	char	2		
出生日期	date			在低版本中类型为 datetime
入学成绩	numeric			精度 4，小数位数 1
党员否	bit	1		

171

（续）

列　名	数据类型	长　度	允许空	备　注
简历	text	16	√	
照片	image	16	√	
班级编号	varchar	10		

约束及索引：

● 性别列只能输入"男"或"女"，约束名为 ck_student_xb。默认值是"男"。

● 入学成绩列的取值范围是［350，750］，约束名为 ck_student_rxcj。

● 班级编号列是外码，主码表是 class 表，约束名为 fk_student_class。

● 按入学成绩列升序建立索引，索引名为 ix_student_rxcj。

③ 使用 SQL 命令创建两个表，表的结构如表 7-4 和表 7-5 所示。

表 7-4　course 表的结构

列　名	数据类型	长　度	允许空	备　注
课程编号	varchar	9		主码
课程名称	varchar	40		
考核方式	char	4		
学时	int	4		
学分	numeric			精度 2，小数位数 1
先修课	varchar	9	√	

约束及索引：

● 考核方式列只能输入"考试"或"考查"，约束名为 ck_course_khfs。

● 考核方式列的默认值是"考试"。

● 学时列的取值范围是［16，100］，约束名为 ck_course_xs。

● 按课程名称列降序建立索引，索引名为 ix_course_kcmc。

表 7-5　score 表的结构

列　名	数据类型	长　度	允许空	备　注
学号	char	10		主码
课程编号	varchar	9		主码
成绩	numeric			精度 4，小数位数 1
学期	char	11		

约束及索引：

● 成绩列的取值范围是［0，100］，约束名为 ck_score_cj。

● 学号列是外码，主码表是 student 表，关系名是 fk_score_student。

● 课程编号列是外码，主码表是 course，关系名是 fk_score_course。

5. 修改数据表

（1）修改数据表结构

① 向 student 表中增加新字段"年龄"，数据类型为 numeric（3，0），允许为空；

② 将 student 表中"年龄"字段的数据类型变为 int；

③ 将 student 表中的"年龄"列删除；

④ 在 class 表中增加"入学年份"字段，数据类型为 int，可以为空，要求入学年份大于 2008。

（2）删除约束

① 删除 class 表的约束 ck_class_rs；

② 删除 course 表的约束 ck_course_xs。

（3）删除索引

① 删除 student 表的索引 ix_student_rxcj；

② 删除 course 表的索引 ix_course_kcmc。

6. 删除数据表

删除表"产品"。

提示：本实验完成以后，至少要保留 class、student、course 和 score 四个表，在后续实验中使用。

7. 创建关系图

创建一个数据库关系图，将"学生"数据库中自定义的用户表添加到关系图中，观察表之间的联系。

【实验思考题】

1. 主码有什么作用？是不是每个表必须有主码？

2. 表与表之间的联系是如何建立的？建立两个表之间联系时需要注意哪些问题？

3. 表中各字段的顺序是否可以交换？有什么影响？

4. 如果一个表只有一列数据，是否允许？

5. 将表从数据库中删除后，是否可以恢复？

7.2 数据更新

【实验目的】

1. 掌握使用设计器对数据表中的数据进行增、删、改的操作方法。

2. 掌握利用命令对数据表中的数据进行增、删、改的操作方法及语法格式。

【实验内容】

1. 增加数据

通过登录名和密码连接到指定的数据库服务器上，打开先前创建的数据库，进行实验操作。

① 使用设计器向表中添加数据，数据如表 7-6 和表 7-7 所示。

表 7-6　class 表中的数据

班级编号	班级名称	所属专业	班级人数	入学年份
GSGL121	工商管理 121	工商管理专业	30	
CWGL122	财务管理 122	财务管理专业	35	
XXGL122	信息管理 122	信息管理专业	30	
SCYX101	市场营销 101	市场营销专业	28	

表 7-7　student 表中的数据

学　号	姓　名	性　别	出生日期	入学成绩	党员否	简　历	照　片	班级编号
2012091001	张楚	男	1990-1-15	540	1	NULL	NULL	GSGL121
2012091002	欧阳佳慧	女	1991-10-12	516	0	NULL	NULL	GSGL121
2012091003	孔灵柱	男	1990-5-21	526	1	NULL	NULL	GSGL121
2012091004	门静涛	男	1992-4-28	530	0	NULL	NULL	GSGL121
2012091005	王广慧	女	1991-6-26	545	1	NULL	NULL	GSGL121
2012091006	孙晓楠	男	1992-8-16	512	1	NULL	NULL	CWGL122
2012091007	张志平	男	1992-3-15	500	0	NULL	NULL	CWGL122
2012091008	刘晓晓	女	1990-9-28	550	1	NULL	NULL	CWGL122
2012091009	王大伟	男	1992-12-12	510	0	NULL	NULL	CWGL122
2012091010	谢辉	男	1991-10-10	545	0	NULL	NULL	CWGL122
2012091011	陈石	女	1992-7-7	503	0	NULL	NULL	CWGL122

注：数据为 NULL 时，不需要录入任何数据，下同。

② 使用 SQL 命令向表中添加数据，数据如表 7-8 和表 7-9 所示。

表 7-8　course 表中的数据

课程编号	课程名称	考核方式	学　时	学　分	先 修 课
04010101	管理学	考试	64	4	NULL
04010102	数据库系统及应用	考试	48	3	04010103
04010103	计算机文化基础	考查	45	2.5	NULL
04010104	管理信息系统	考试	32	2	04010102
04010105	工业企业经营管理	考查	48	3	NULL

表 7-9　score 表中的数据

学　号	课程编号	成　绩	学　期
2012091001	04010101	75	2012-2013-1
2012091001	04010102	84	2012-2013-2
2012091001	04010103	68	2012-2013-2
2012091001	04010104	68	2012-2013-2
2012091002	04010101	86	2012-2013-1

（续）

学　号	课程编号	成　绩	学　期
2012091002	04010102	90	2012-2013-2
2012091002	04010103	67	2011-2012-2
2012091003	04010101	74	2012-2013-1
2012091003	04010102	45	2012-2013-2
2012091004	04010101	72	2012-2013-1
2012091005	04010101	56	2012-2013-1

2. 通过 SQL 语句对数据进行维护

① 将工商管理 121、财务管理 122、信息管理 122 三个班级的入学年份更新为 2012，将市场营销 101 班的入学年份调整为 2010。

② 将"信息管理 122"和"市场营销 101"两个班级信息删除。

③ 将王大伟的入学成绩改为 515，观察运行结果。

④ 给所有学生党员的入学成绩加 5 分，观察命令运行结果。

⑤ 将 student 表中的"陈石"的信息删除。

⑥ 将 course 表中的"工业企业经营管理"行删除。

⑦ 将"孙晓楠"的性别修改为女，出生日期改为 1992 年 8 月 28 日，入学成绩改为 520 分。

⑧ 修改 course 表的结构，考核方式、学时、学分允许空，向表中添加一条记录，课程编号：09101010，课程名称：战略管理。

⑨ 删除"战略管理"这门课程。

【实验思考题】

1. 在 score 表中增加一行数据"2012091106，04010105，95，2012-2013-1"，观察运行结果，说明原因。

2. 删除 student 表中张楚的记录，观察结果，说明原因。

3. 说明"学生"数据库中，添加记录时是否有先后顺序，应以什么样的顺序添加记录。

4. 向已有数据的表中添加新字段，新字段的数据如何取值？

7.3　简单查询

【实验目的】

1. 掌握按条件查询。

2. 掌握对查询结果排序。

3. 掌握使用汇总函数进行查询。

4. 掌握对查询结果进行分组。

【实验内容】

1. 使用设计器查询

① 查询所有课程信息。

② 查询前五条学生信息明细。

③ 查询前 1000 条学生选课详细信息。

2. 命令方式查询

① 查询 student 表中所有学生的详细信息。

② 查询所有开设课程的课程名称及考核方式。

③ 查询所有选课学生的学号（如一个同学同时选修了多门课程，学号只显示一次）。

④ 查询所有学时在［40，60］范围内的课程的课程编号和课程名称（分别用 AND 和 BETWEEN 运算符实现）。

⑤ 查询所有学生党员的学号和姓名。

⑥ 查询所有姓"张"的学生的姓名和性别（分别用 LEFT 函数和 LIKE 运算符实现）。

⑦ 查询姓名中包含"灵"的学生信息。

⑧ 查询所有学生的姓名及年龄，并按照年龄从小到大的顺序显示，列名为姓名、年龄。

⑨ 查询入学成绩在前 20% 的学生姓名，并列的只显示一个。

⑩ 查询入学成绩排在前三位的学生姓名。

⑪ 查询所有 10 月份出生的学生人数。

⑫ 查询没有先修课的课程名称。

⑬ 查询入学成绩的最高分和最低分，列名分别为最高分和最低分。

⑭ 统计男女生的入学平均成绩，显示性别和平均成绩两列。

⑮ 统计考试和考查两种性质课程的总学分，显示课程性质和总学分两列。

⑯ 查询选修了两门以上（包括两门）课程的学生的学号。

⑰ 查询班级编号为 GSGL121 班年龄最小的学生信息。

⑱ 查询班级编号为 CWGL122 班的入学平均分、最高分、最低分，列名分别显示为平均分、最高分、最低分。

⑲ 查询所有第一学期上课的学号、课程编号、成绩。

⑳ 从 student 表中随机查询五名学生的详细信息。

㉑ 查询当前时刻。

【实验思考题】

1. 在使用带有 group by 子句的查询命令时，select 后的查询列有哪些要求？

2. 查询时是否可以改变列显示的顺序？如何完成？

3. 查询数据时，表中的一列是否可以显示多次？如何实现？

4. 说明列别名在显示查询结果时的作用。

7.4　复杂查询

【实验目的】

1. 掌握连接查询的方法。
2. 掌握嵌套查询的方法。
3. 掌握集合查询的方法。

【实验内容】

使用命令方式完成下列查询：

① 查询所有选课学生的姓名和选修课程的课程编号。

② 查询所有选课学生的姓名、课程名称和成绩。

③ 查询所有学生的姓名、课程名称、成绩，包括未选课的同学（即选课的同学显示姓名、课程名、成绩，未选课的同学只显示姓名）。

④ 查询所有选修"管理学"课程的学生名单。

⑤ 查询同时选修了"管理学"和"计算机文化基础"两门课程的学生名单。

⑥ 查询选修了"管理学"但没选修"计算机文化基础"课程的学生名单。

⑦ 查询所有入学成绩高于平均成绩的学生名单和入学成绩。

⑧ 查询所有党员及选修了 04010101 课程的学生的学号。

⑨ 查询入学成绩高于所有男同学的女同学姓名。

⑩ 查询入学成绩高于任意一名女同学的男同学姓名。

⑪ 查询所有开课课程的课程名及先修课名称，显示课程名称和先修课两列（只显示有先修课的课程）。

⑫ 查询学号为"2012091002"同学比学号为"2012091001"同学成绩高的选修课程的编号。

⑬ 查询选修了学号为"2012091003"同学选修的全部课程的学生名单（不包括本人）。

⑭ 查询至少与学号为"2012091001"同学选修了同一门课程的学生名单。

⑮ 查询选修了全部课程的学生名单。

⑯ 查询工商管理 121 班男生人数和女生人数及合计信息，形式如图 7-1 所示，具体可参考 isnull、cast（或 convert）函数。

性别	人数
男	3
女	2
合计	5

图 7-1　结果形式

⑰ 进行分段统计，显示为每门课程良好以上及以下的学生人数，具体形式参见图 7-2。

课程编号	良好以上	良好以下	合计
04010101	1	4	5
04010102	2	1	3
04010103	0	2	2
04010104	0	1	1

图 7-2 分段统计课程成绩结果图

【实验思考题】

1. 在连接查询中，左外连接与右外连接有什么区别？
2. 多表连接时有几种方法？各使用什么语句实现？
3. SQL 命令在统计中功能强大，结合本实验，写出具有统计功能的函数。

7.5 视图操作

【实验目的】

1. 掌握视图创建的方法。
2. 加深对视图作用的理解。
3. 掌握对视图的各种操作。

【实验内容】

使用 SQL 命令完成下列操作：

1. 建立视图

① 建立所有男同学的视图 VBoy_Student 和所有女同学的视图 VGirl_Student。

② 建立学生明细信息视图 vstudentdetail，包括学生基本信息和每个学生的所在班级信息。

③ 建立工商管理 121 班选修了 04010101 号课程且成绩在 60 分以上的学生的视图 Vgs121good_04010101（包括学生姓名、课程编号和成绩）。

④ 建立一个反映所有学生姓名和年龄的视图 VS_ BT。

⑤ 将学生的学号及他的平均成绩定义为一个视图 Vpjcj_Student。

⑥ 将课程编号及选修人数定义为一个视图 VCount_Xuanxiu。

⑦ 基于实验 7.4 操作⑰，创建"分段统计"视图。

2. 查询视图

① 在所有男同学的视图中 VBoy_Student 找出年龄大于 21 岁的学生。

② 在所有学生出生年份的视图 VS_BT 中查询比张楚年龄还小的学生信息。

③ 在视图 Vpjcj_Student 查询平均成绩小于 60 的学生的学号和平均成绩。

④ 在 VCount_Xuanxiu 中查询选修人数在两个以上的课程编号。

⑤ 从"分段统计"视图中查询课程编号为 04010101 的统计信息。

⑥ 从"vstudentdetail"视图中查询所有姓"张"的学生明细信息。

3. 更新视图（运行并观察结果）

① 向视图 VBoy_Student 中插入一个新的学生记录，其中学号为"2012091020"，姓名为赵新，性别为男，出生日期为 1993-1-1，入学成绩为 530，党员否为 1，班级编号为 GS-GL121。

② 删除视图 VBoy_Student 中学号为"2012091020"的记录。

③ 更新视图 Vpjcj_Student 中学号为"2012091001"的平均成绩为 75 分（查看执行结果，找出不能执行的原因）。

4. 删除视图

① 删除 VS_BT 视图。

② 删除 VBoy_Student 视图。

【实验思考题】

1. 什么是视图？使用视图的优点是什么？

2. 什么样的视图可以更新？

3. 视图与基本表有什么区别？

4. 如果修改视图的定义，如何完成？

7.6 Transact-SQL 程序设计

【实验目的】

1. 掌握 Transact-SQL 程序设计的控制结构及程序设计逻辑。

2. 掌握事务的设计思想和方法。

3. 能根据应用需求设计 Transact-SQL 程序。

【实验内容】

1. 显示当前运行的数据库的版本、服务器名称、当前使用的语言 ID 和名称以及最近一次查询涉及的行数

2. 输入程序

在查询窗口中输入并运行如下程序，说明程序的功能

```
Declare @ sum smallint,@ i smallint,@ nums smallint
Set @ sum =0
Set @ i =1
```

```
Set @ nums = 0
While(@ i < = 100)
    Begin
        If(@ i% 3 = 0)
            Begin
                Set @ sum = @ sum + @ i
                Set @ nums = @ nums + 1
            End
        Set @ i = @ i + 1
    End;
Print'总和是:' + str(@ sum)
Print'个数是:' + str(@ nums)
```

3. 新建一个查询

在查询窗口中输入如下程序:

```
Use 学生
Select student. 学号,姓名,课程名称,成绩 =
Case
    When 成绩 is null then'未考'
    When 成绩 < 60 then'不及格'
    When 成绩 < 70 and 成绩 > = 60 then'及格'
    When 成绩 < 80 and 成绩 > = 70 then'中等'
    When 成绩 < 90 and 成绩 > = 80 then'良好'
    When 成绩 > = 90 then'优秀'
    End
From student inner join score on student. 学号 = score. 学号
    inner join course on course. 课程编号 = score. 课程编号
order by student. 学号,course. 课程编号,score. 成绩 desc;
```

运行上面程序, 说明此程序的功能是什么?

4. 在查询窗口中输入程序

```
Use 学生
BEGIN TRANSACTION
DECLARE @ SCORE1 NUMERIC (4,1),@ SCORE2 NUMERIC (4,1)
SELECT @ SCORE1 = 成绩 FROM SCORE WHERE 学号 = '2012091001 'and 课程编号 =
'04010101 '
SELECT @ SCORE2 = 成绩 FROM SCORE WHERE 学号 = '2012091001 'and 课程编号 =
'04010102 '
UPDATE SCORE SET 成绩 = @ SCORE2 WHERE  学号 = '2012091001 'and 课程编号 =
'04010101 '
```

UPDATE SCORE SET 成绩 = @ SCORE1 WHERE 学号 ='2012091001 'and 课程编号 ='04010102 '

COMMIT;

运行上述程序，说明此程序的功能是什么。

5. 按要求进行 Transact- SQL 程序设计

① 求 1 ~ 100 之间的整数和，并输出结果。

② 将 50 以内所有偶数显示出来。

③ 显示所有学生的学号、姓名和党员否的信息，如果党员否为 1 输出"党员"，否则输出"非党员"。

④ 设计一个事务，在 score 表中插入一条记录，其值为（'2012091005'，'04010102'，0，'2012-2013-2'）。如果 04010102 号课程选修人数在 30 人以下，则提交事务，提示"恭喜，选课成功!"；否则撤销事务，提示"选课人数超过 30 人上限，不能选修!"。

【实验思考题】

1. 什么是 Transact- SQL，其与标准 SQL 有何区别？

2. 什么是事务？事务有何作用？

3. 举例说明事务的持久性。

7.7 存储过程与触发器

【实验目的】

1. 掌握 SQL 存储过程的建立、修改、删除的基本方法；

2. 掌握 SQL 触发器的建立、修改、删除的基本方法及触发器的类型；

3. 了解存储过程和触发器的各自作用。

【实验内容】

使用 SQL 命令完成下列实验操作：

1. 创建和执行存储过程

① 使用 SQL 语句创建一个存储过程，要求根据男女生人数来输出不同的信息。如果男生人数大于女生，输出"男比女多"，否则输出"女比男多"，存储过程名称为 showper-son。

② 查询某学生（学号）某学期选修课程的成绩，结果显示为学号、姓名、课程编号、成绩、学期，存储过程名称为"查询成绩"。

③ 创建存储过程 proc_cjcx，根据输入的课程名称查询该课程的平均成绩、最高分和最低分，执行存储过程 proc_cjcx，查询"管理学"课程的信息。

④ 创建存储过程"查询学生信息"，如果给出姓名，则查询指定姓名的学生详细信息（包括学生信息和班级信息）；如果不给出姓名，则查询所有学生的详细信息（包括学生

信息和班级信息）。

⑤ 创建存储过程，名为"学生成绩综合查询"，参数为姓名、课程名称及学期，显示结果为学号、姓名、课程名称、成绩、学期。

⑥ 创建存储过程，名为"根据班级名称查询学生信息"，显示学生信息和班级信息，并且对此存储过程进行加密处理。

2. 删除存储过程

① 删除存储过程：showperson。

② 删除存储过程：根据班级名称查询学生信息。

3. 触发器操作

① 在 student 表中，设计学号的长度为 10 位，但如果录入小于 10 位的学号信息也是可以保存的，为了保证学号位数的一致性，限制学号长度必须为 10 位。建立触发器，名为 xuehaolength。

② 录入一个学号小于 10 位的学生信息（数据自拟），观察运行结果。

③ 为表 student 创建一个触发器 trig_up。要求：若向表 student 中插入或修改记录时，限制其入学成绩不能低于 400 分，否则不允许操作。

④ 执行命令"insert student（学号,姓名,性别,出生日期,入学成绩,党员否,班级编号）values（'2013091030','张大民','男','1994-1-1',389,0,'CWGL122'）"，观察结果。

⑤ 执行命令 update student set 入学成绩=390 where 姓名='张楚'，观察结果。

⑥ 为表 student 创建一个触发器 trig_del，要求不允许从表 student 中删除党员记录。

⑦ 执行命令"delete from student where 姓名='孙晓楠'"，观察结果。

⑧ 创建触发器 trig_del_course，要求删除某门课程时，同时删除选择此门课程的所有选课记录（注意：执行前做好数据备份）。

【实验思考题】

1. 什么是存储过程？什么是触发器？二者有什么区别？

2. 触发器有哪些类型？各有什么特点？

3. 执行存储过程有几种方法？说明每种方法的操作过程。

4. 为什么要对存储过程进行加密处理？思考在项目开发中，何时对存储过程进行加密处理。

7.8 数据库备份与恢复

【实验目的】

1. 了解故障的种类及特点、数据库备份的种类，理解备份设备的概念。

2. 掌握数据库的备份及其恢复的方法。

3. 掌握利用 SQL 命令进行数据库的备份与恢复工作。

4. 掌握数据库的分离、附加和收缩。

【实验内容】

操作练习：

① 创建学生数据库的一个完全备份（要求是备份设备）。

② 创建学生数据库的一个差异备份（要求是选择备份目的为文件名）。

③ 还原学生数据库，并对数据库进行改名，新数据库名为"学生_new"。

④ 创建学生数据库的一个事务日志备份（要求是选择备份目的为文件名）。

⑤ 利用④创建的事务日志和完全备份对学生数据库进行还原恢复。

⑥ 分离操作③中的数据库。

⑦ 附加⑥中的数据库。

⑧ 使用 SQL 命令备份学生数据库。

⑨ 使用 SQL 命令恢复学生数据库，数据库名为"学生_SQL"。

⑩ 新建一个数据库，名称自拟，数据库的文件大小设置为 200M，创建完成后，收缩数据库文件为 10M。

⑪ 删除本实验中新建的所有数据库，并保证原数据库正常。

【实验思考题】

1. 数据库备份的种类有哪些？恢复的方式有哪些？

2. 什么是差异备份？为什么要使用差异备份？

3. 结合本实验，说明复制数据库的方法有哪些？

4. 收缩数据库有什么作用？

7.9　数据转换

【实验目的】

1. 学习和掌握数据库中的导入、导出数据操作方法。

2. 了解数据库的扩展功能。

【实验内容】

① 新建一个数据库，名为"学生_导出"，将学生数据库中的 class 和 student 表导出到新数据库中。

② 打开学生数据库的 class 表，录入数据如表 7-10 所示。

表 7-10　录入 class 表中的数据

班级编号	班级名称	所属专业	班级人数	入学年份
Xg132	信息管理 132	信息管理专业	28	2013

新建一个 excel 文档，录入数据如表 7-11 所示。

表 7-11　excel 数据

学　号	姓　名	性　别	出生日期	入学成绩	党 员 否	班级编号
2013094001	张晓东	男	1993-1-1	580	1	xg132
2013094002	王星	女	1994-8-8	560	0	xg132
2013094003	李强	男	1993-10-1	590	0	xg132

将表 7-11 中的数据导入到学生数据库的 class 表中。

问题思考：如果在导入前面 Excel 数据时，将班级编号改成班级名称，是否可以正常完成数据导入，如何完成？

③ 将 Student 中所有党员数据导出到 Microsoft Access 数据库中。

④ 创建一个数据库（数据库名自拟），将原有数据库中的四个表导出到刚创建的数据库中，新建一个数据表关系图，观察新数据库中数据表与原数据表有何不同。

⑤ 自建立一个 Access 数据库文件，创建一个产品表，结构参照本章实验 7.1 中表 7-1，将其导入到刚创建的数据库中。

⑥ 将 course 表中的数据导出到某一文本文件中，文件名为"课程 . txt"。

⑦ 将"vstudentdetail"视图数据导出到 excel 文档中。

⑧ 将 2012-2013-2 学期的学生成绩单导出到 excel 文档中，导出项目包括学号、姓名、课程名称、班级、成绩、学期。

⑨ 学生王小明，性别男，从外校转至工商管理 121 班，学校分配的新学号为"2011093015"，该生带来其原来所在学校的成绩单，成绩单是 Word 文档，其成绩单的主要内容如表 7-12 所示。

表 7-12　学生成绩单

序　号	课程名称	学　期	成　绩	备　注
1	管理学	2012-2013-2	75	
2	数据库系统及应用	2012-2013-2	85	
3	计算机文化基础	2012-2013-1	80	

将王小明的基本信息录入数据库中，并将成绩单导入数据库中。

⑩ 备份并删除本实验创建的其他数据库，保留学生数据库。

【实验思考题】

1. 在数据库中，列举可以进行导入和导出的文件类型。

2. 一次性从多表中导出数据如何实现？

3. 在向数据库中导入数据时，如果源列与数据表中列数和列名不一致，是否可以完成导入工作？

4. 如果将 Word 中的规范化二维表格数据导入到数据库中，如何实现？

7.10　数据库安全性与授权

【实验目的】

1. 了解数据库的身份验证模式。
2. 掌握创建登录账号和数据库用户的方法。
3. 了解并掌握许可权限管理。

【实验内容】

① 修改 SQL Server 身份验证模式为 SQL Server 和 Windows 混合验证模式。

② 创建一个 Windows 认证的登录账号 newuser，只允许该用户对本机学生数据库进行查询。

③ 创建一个 SQL Server 认证的登录账号 SQLteacher，并将其设置允许使用数据库"学生"进行查询，对表 student 中的列进行插入、修改和删除操作。

④ 在学生数据库中创建一个角色 db_exec，设置其权限为可以执行数据库中的所有存储过程，可以查询数据库中的所有表和视图。

⑤ 新建立一个登录 admin，数据库角色为 public、db_owner，服务器角色是 database creators。将访问 master 数据库的权限授予 admin。

⑥ 使用 SQL 命令新建一个数据库操作员 test，并对其进行授权，使其具有对学生数据库进行查询的权限。使用 test 账号登录，进行权限验证。

⑦ 使用 SQL 命令新建一个数据库操作员 test2，并对其进行授权，使其具有创建数据库的权限。使用 test2 账号登录，创建数据库进行权限验证。

【实验思考题】

1. 一个用户要访问数据库需要经过哪几个安全认证阶段？
2. 建立登录账号时，是否可以直接指定它要访问的某个数据库用户账号？如何做？
3. 使用数据库角色有什么好处？
4. 新建的 Windows 登录账号如何进行测试？

7.11　SQL Server 管理

【实验目的】

1. 理解 SQL Server 代理的含义。
2. 掌握作业的创建方法。
3. 掌握数据库维护计划的操作方法。
4. 了解警报的设置及操作方法。

【实验内容】

① 停止和启动 SQL Server 代理。

② 配置数据库邮件，指定一个邮箱。

③ 测试数据库邮件，在计算机联网情况下，测试数据库邮件是否可用，并进行调试，发送邮件，内容自定。

④ 新建操作员，名为 newuser，为其配置正确的电子邮件账号。

⑤ 创建警报，当数据库大于 20M，向 newuser 发出警报。

⑥ 建立一个新的数据库邮件账号和配置文件。

⑦ 新建一个操作员 testuser，并设置一个可用邮箱。

⑧ 根据错误号 2627 建立一个新警报，将信息发送到 testuser 的邮箱，并查看邮件。测试方法如下：

将 class 表中的"班级编号"列设为主码，向 class 表中插入记录，在重复插入后，查看是否收到了邮件。

⑨ 对 student 数据库创建一个数据库维护计划，具体要求如下：

● 每月 10 日 0：00 零点重新组织数据和索引页，将每页的可用空间百分比更改为 50%。

● 每周周日 1：00 检查数据库（包括索引）的完整性，并尝试修复所有小问题。

● 每周周日 2：00 进行数据库备份，并删除 5 周以前的备份。

● 每天 3：00 进行事务日志备份，并删除 7 天以前的备份。

● 将报表写入文本文件，并发送给操作员 testuser。

【实验思考题】

1. SQL Server 代理程序有何作用？

2. 如何提高 SQL Server 管理工作的效率？

7.12 数据库设计

【实验目的】

1. 理解和掌握数据库设计的步骤与方法。

2. 通过对实际问题的分析，使学生学会如何把书本上学到的知识用于解决实际问题，培养学生的实际动手能力。

【实验内容】

某影碟出租店经营影碟出租业务，所有影碟按内容进行了分类，并分别存放在不同的货架上，同一种影碟数量有多张。影碟的基本信息包括：影碟编号、影碟名称、主要演员、影碟类别、存放货架、数量。租借者在租借前必须办理会员卡，会员卡信息包括：卡号、姓名、身份证号和押金。办卡需交押金 100 元，退卡后如数退还。每位租借者一次最多可借 20 张影碟，每本每天租借费用 1 元，归还后一次付清租借费，影碟丢失或损坏按每张 5 元赔偿。

　　该影碟出租店欲建立一个数据库应用系统，来对影碟的出租业务进行管理，要求此应用系统主要提供如下服务：

　　① 可对影碟的基本信息进行维护管理。

　　② 可对租借者办卡及退卡业务进行管理。

　　③ 可对影碟租借、归还业务进行管理。

　　④ 可对因影碟丢失或损坏而造成的赔偿业务进行管理。

　　⑤ 可以查询现有影碟的信息，如影碟名称、主要演员、数量及存放位置等。

　　⑥ 可以查询会员的基本信息，如卡号、姓名及身份证号等。

　　⑦ 可以查询影碟租借以及归还的历史信息，如卡号、姓名、影碟编号、影碟名称、租借时间、数量及归还时间等。

　　⑧ 可以查询影碟借出未归还信息，如卡号、影碟编号、租借时间及数量等。

　　⑨ 可以分类统计一段时间内影碟的租借数量，并按降序排列。

　　⑩ 可以统计一段时间内租借数量最多和最少的影碟名称。

　　请根据以上资料，作如下设计：

　　① 在给定资料的基础上，进行需求分析，绘制该系统的业务流程图。

　　② 设计该系统的实体-关系模型。

　　③ 将上述实体-关系模型转换为等价的关系模型，并对相应的关系模式进行判断，如不属于 3NF，对其进行规范化使其属于 3NF。

　　④ 创建上述的数据库。

　　⑤ 设置表间关系，以保证数据的完整性。

　　⑥ 创建一个触发器，可以实现当租借者要租借某种影碟时，先判断该影碟的数量，如果现有数量不足，不允许租借；如果现有数量充足，则允许租借，并减少影碟的现有数量。

　　⑦ 根据上述⑤、⑥、⑦、⑧的要求，创建相应的视图。

　　⑧ 创建两个存储过程，可以实现上述⑨、⑩中的要求。

【实验总结】

　　1. 数据库设计中最关键的步骤是什么？

　　2. 应用系统的业务规则使用存储过程来实现有哪些优点？

　　3. 谈谈你对数据库系统设计工作的体会。

习题参考答案及部分实验内容

第1章 参考答案

一、单项选择题

1. C 2. A 3. D 4. C 5. B 6. A 7. C 8. A 9. C 10. D

二、简答题

1. 数据、数据库、数据库系统、数据库管理员、数据库管理系统的概念。

数据：描述事物的符号记录称为数据。数据的种类有文字、图形、图像、声音等。

数据库：数据库是长期储存在计算机内、有组织的、可共享的、统一管理的数据集合。数据库中的数据按一定的数据模型组织、描述和储存，具有较小的冗余度、较高的数据独立性和易扩展性，并可为各种用户共享。

数据库系统：数据库系统（DBS）是指在计算机系统中引入数据库后的系统构成。数据库系统由数据库、数据库管理系统（及其开发工具）、应用系统、数据库管理员和用户构成。

数据库管理员是负责管理和维护数据库服务器的人员。数据库管理员负责全面地管理和控制数据库系统。

数据库管理系统：数据库管理系统是为数据库的建立、使用和维护而配置的系统软件。它建立在操作系统基础上，对数据库进行统一的管理和控制，是位于用户与操作系统之间的一层数据管理软件，是数据库系统的重要组成部分。

2. 简述数据管理技术的发展过程及特点。

数据管理技术经历了人工管理、文件系统和数据库系统三个阶段。

人工管理阶段：数据的处理方式是批处理，数据的组织和管理完全靠程序员手工完成。其主要特点是：数据不保存；应用程序管理数据；数据不共享，冗余数据多；数据不具有独立性。

文件系统阶段：有专门的数据管理软件——文件系统，处理方式上不但能进行批处理，而且能够实现联机实时处理。其主要特点是：数据可以长期保存；由文件系统管理数据；数据共享性差，冗余度大；数据独立性差。

数据库系统阶段：从文件系统到数据库系统是数据管理技术的一个飞跃，可以联机实时处理数据。其主要特点是：高度数据结构化；数据的共享性好，冗余度低；数据独立性高；数据由数据库管理系统统一管理和控制。

3. 何为数据模型，其构成要素是什么？有何分类？

数据模型是数据库中用来对现实世界进行抽象的工具，是数据库中用于提供信息表示和操作手段的形式构架。

① 数据结构：是所研究的对象类型的集合，是对系统的静态特性的描述。

② 数据操作：是指对数据库中各种对象（型）的实例（值）允许进行的操作的集合，包括操作及有关的操作规则，是对系统动态特性的描述。

③ 数据的约束条件：是完整性规则的集合，完整性规则是给定的数据模型中数据及其联系所具有的制约和依存规则，用以限定符合数据模型的数据库状态以及状态的变化，以保证数据的正确、有效、相容。

根据模型应用的不同目的，可以将这些模型划分为两类，它们分属于两个不同的层次：第一类模型是概念模型，第二类是逻辑模型和物理模型。

4. 简述 E-R 图的表示方法。

E-R 图提供了表示实体型、属性和联系的方法，具体方法为：

实体型：用矩形表示，矩形框内写明实体名。

属性：用椭圆形表示，并用无向边将其与相应的实体连接起来。

联系：用菱形表示，菱形框内写明联系名，并用无向边分别与有关实体型连接起来，同时在无向边旁边标上联系的类型（$1:1$，$1:n$，$m:n$）。

5. 简述数据库系统的三级模式结构和二级映像。

数据库系统的三级模式结构是由外模式、模式和内模式三级构成。模式也称逻辑模式，是对数据库中数据的整体逻辑结构和特征的描述，是所有用户的公共数据视图。外模式也称子模式或用户模式，它是数据库用户能够看见和使用的局部数据的逻辑结构和特征的描述，是数据库用户的数据视图，是与某一应用有关的数据的逻辑表示。内模式也称存储模式（Storage Schema）或物理模式（Physical Schema），它是数据库数据物理结构和存储方式的描述，是数据在数据库内部的表示方式。

数据库系统的二级映像功能是指模式与外模式之间的映像、模式与内模式之间的映像技术。当模式发生变化时，由数据库管理员（DBA）对各个外模式/模式映像做相应改变，可以使外模式保持不变。由于应用程序是依据外模式编写的，只要外模式不变，应用程序就不需要修改，从而保证了数据与程序的逻辑独立性，简称逻辑数据独立性。当数据库的存储结构改变时（如选用了另一种存储结构），由数据库管理员对模式/内模式映像做相应改变，可以保证模式保持不变，因而应用程序也不需要修改，保证了数据与程序的物理独立性，简称物理数据独立性。

6. 简述数据库系统的特点。

① 数据结构化：数据库系统实现整体数据的结构化，这是数据库的主要特征之一，也是数据库系统与文件系统的本质区别。

② 数据的共享性高，冗余度低，易扩充：数据库的数据不再面向某个应用而是面向整个系统，因此可以被多个用户、多个应用、用多种不同的语言共享使用。

③ 数据独立性高：数据独立性包括数据的物理独立性和数据的逻辑独立性。数据库管理系统的模式结构和二级映像功能保证了数据库中的数据具有很高的物理独立性和逻辑独立性。

④ 数据由 DBMS 统一管理和控制：数据库的共享是并发的共享，即多个用户可以同时存取数据库中的数据甚至可以同时存取数据库中同一个数据。为此，DBMS 必须提供统一的数据控制功能，包括数据的安全性保护，数据的完整性检查，并发控制和数据库恢复。

7. 关系数据模型有哪些优缺点？

关系数据模型优点：与非关系模型不同，它是建立在严格的数学概念的基础上的；关系模型的概念单一，无论实体还是实体之间的联系都用关系表示，对数据的检索结果也是关系，所以其数据结构简单、清晰，用户易懂易用；利用公共属性连接，实体间的联系容易实现；由于存取路径对用户透明，数据独立性更高，安全保密性更好。

关系数据模型主要缺点：由于存取路径对用户透明，查询效率往往不如非关系数据模型；为提高性能，必须对用户的查询请求进行优化，增加了开发数据库管理系统的难度。

8. 举例说明你身边的实际应用数据库系统的例子。

略。

三、应用题

某图书馆拥有多种图书，每种图书的数量都在 5 本以上，每种图书都由一个出版社出版，一个出版社可以出版多种图书。借书人凭借书卡一次可借 10 本书。请画出此图书馆图书、出版社和借书人的概念模型。

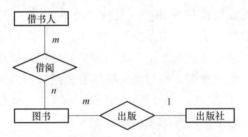

（实体、联系的属性略）

第2章 参考答案

一、选择题

1. A 2. D 3. A 4. A 5. B 6. C 7. B 8. C 9. D 10. A

二、简答题

1. 简述在关系数据库中，一个关系应具有哪些性质？

① 列是同质的，即每一列中的分量是同一类型的数据，来自同一个域。

② 不同的列可出自同一个域，称其中的每一列为一个属性，不同的属性要给予不同的属性名。

③ 列的顺序无所谓，即列的顺序可以任意交换。

④ 任意两个元组不能完全相同。

⑤ 行的顺序无所谓，即行的顺序可以任意交换。

⑥ 分量必须取原子值，即每个分量必须是不可再分的数据项。

2. 简述关系模型的完整性规则。

关系模型的完整性规则是对关系的某种约束条件。关系模型中有三类完整性约束：实体完整性、参照完整性和用户定义的完整性。实体完整性：若属性（指一个或一组属性）A 是基本关系 R（U）（$A \in U$）的主属性，则属性 A 不能取空值。参照完整性：若属性（或属性组）F 是关系 R 的外码，它与关系 S 的主码 K_S 相对应（R 和 S 不一定是不同的关系），则对于 R 中每一个元组在 F 上的值必须为：或者取空值（F 的每个属性均为空值）；或者等于 S 中某个元组的主码值。用户定义的完整性：是针对某一具体关系数据库的约束条件，它反映某一具体应用所涉及的数据必须满足的语义要求。

3. 关系代数的运算对象、运算符号及运算结果是什么？

关系代数的运算对象是关系，运算符包括四类：集合运算符、专门的关系运算符、比较运算符和逻辑运算符，运算结果亦为关系。

4. 解释下列术语。

域、笛卡儿积、关系、元组、属性。

候选码、主码、外码。

① 域是一组具有相同数据类型的值的集合；笛卡儿积是给定一组域的乘积；关系是一组笛卡儿积的有意义的子集；元组是关系中的一行，属性是关系中的一列。

② 候选码：若关系中的某一属性组的值能唯一地标识一个元组，则称该属性组为候选码。主码：当关系中有多个候选码时，选定其中的一个候选码为主码。设 F 是关系 R 的一个或一组属性，但不是 R 的码，如果 F 与关系 S 的主码 K_S 相对应，则称 F 是关系 R 的外码。

三、综合题

1. 设有关系 R 和 S，如下所示。

	R				S	
A	B	C		C	D	E
3	6	7		3	4	5
2	5	7		7	2	3
7	2	3				
1	1	3				

计算：① $R \cup S$。

② $R-S$。

③ $R \times S$。

④ $\pi_{3,2,1}(S)$。

⑤ $\sigma_{B<5}(R)$。

⑥ $R \cap S$。

计算并、交、差时，不考虑属性名，仅仅考虑属性的顺序。

① $\{(3, 6, 7), (2, 5, 7), (7, 2, 3), (1, 1, 3), (3, 4, 5)\}$。

② $\{(3, 6, 7), (2, 5, 7), (1, 1, 3)\}$。

③ $\{(3, 6, 7, 3, 4, 5), (2, 5, 7, 3, 4, 5), (7, 2, 3, 3, 4, 5), (1, 1, 3, 3, 4, 5), (3, 6, 7, 7, 2, 3), (2, 5, 7, 7, 2, 3), (7, 2, 3, 7, 2, 3,), (1, 1, 3, 7, 2, 3)\}$。

④ $\{(5, 4, 3), (3, 2, 7)\}$。

⑤ $\{(7, 2, 3), (1, 1, 3)\}$。

⑥ $\{(7, 2, 3)\}$。

2. 关系数据库 student 中有如下关系模式，用关系代数语言完成下述查询操作。

S（学号，姓名，性别，系）

C（课程号，课程名，先行课，学分）

SC（学号，课程号，成绩）

① 查询信息系所有男生。

② 查询所有男生的姓名。

③ 查询'数据库'课程的选修学生名单。

④ 查询所有学生的学号、姓名，课程名和成绩。

⑤ 查询选修了全部课程的学生的学号。

⑥ 查询所有'数据库'课程不及格的学生姓名和分数。

⑦ 查询'王敏'同学选修了哪些课程。

① $\sigma_{系='信息' \wedge 性别='男'}(s)$。

② $\pi_{姓名}(\sigma_{性别='男'}(s))$。

③ $\pi_{姓名}(\sigma_{课程名='数据库'}(c) \bowtie sc \bowtie s)$。

④ $\pi_{学号,姓名,课程名,成绩}(s \bowtie sc \bowtie c)$。

⑤ $\pi_{学号,课程号}(sc) \div \pi_{课程号}(c)$。

⑥ $\pi_{姓名,成绩}(\sigma_{课程名='数据库'}(c) \bowtie \sigma_{成绩<60}(sc) \bowtie s)$。

⑦ $\pi_{课程名}(\sigma_{姓名='王敏'}(s) \bowtie sc \bowtie c)$。

第3章 习题参考答案

一、单项选择题

1. B 2. A 3. C 4. C 5. C 6. B 7. A 8. D 9. C 10. C 11. B 12. D 13. D 14. A 15. C 16. B

二、简答题

1. 试述 SQL 的特点。

① 综合统一。SQL 集数据定义语言（DDL）、数据操纵语言（DML）、数据控制语言（DCL）的功能于一体。

② 高度非过程化。用 SQL 进行数据操作，只要提出"做什么"，而无须指明"怎么做"，因此无需了解存取路径，存取路径的选择以及 SQL 语句的操作过程由系统自动完成。

③ 面向集合的操作方式。SQL 采用集合操作方式，不仅操作对象、查找结果可以是元组的集合，而且一次插入、删除、更新操作的对象也可以是元组的集合。

④ 以同一种语法结构提供两种使用方式。SQL 既是自含式语言，又是嵌入式语言。作为自含式语言，它能够独立地用于联机交互的使用方式；作为嵌入式语言，它能够嵌入到高级语言程序中，供程序员设计程序时使用。

⑤ 语言简洁，易学易用。

2. 什么是基本表？什么是视图？两者的区别和联系是什么？

基本表是本身独立存在的表，在 SQL 中一个关系就对应一个表。

视图是从一个或几个基本表导出的表。视图本身不独立存储在数据库中，是一个虚表。即数据库中只存放视图的定义而不存放视图对应的数据，这些数据仍存放在导出视图的基本表中。视图在概念上与基本表等同，用户可以如同基本表那样使用视图，可以在视图上再定义视图。

3. 试述视图的优点。

① 视图能够简化用户的操作。

② 视图使用户能以多种角度看待同一数据。

③ 视图对重构数据库提供了一定程度的逻辑独立性。

④ 视图能够对机密数据提供安全保护。

4. 所有的视图是否都可以更新？为什么？

不是。视图是不实际存储数据的虚表，因此对视图的更新，最终要转换为对基本表的更新。因为有些视图的更新不能唯一地、有意义地转换成对相应基本表的更新，所以，并不是所有的视图都是可更新的。

5. 既然索引能够提高查找速度，那么表中的索引是否是越多越好？简述在何处情况下应该设置索引？在何种情况下设置聚簇索引？

并非索引越多越好，索引过多，维护索引的开销越大。在查询中经常引用的表、字段、唯一值列中创建索引。在一个基本表上最多只能建立一个聚簇索引。可以在最经常查询的列上建立聚簇索引以提高查询效率，而对于经常更新的列则不宜建立聚簇索引。

三、应用题

设要建立学生选课数据库，库中包括学生、课程和选课三个基本表，其表结构如下：

学生（学号，姓名，性别，年龄，党员，入学成绩）

选课（学号，课程号，成绩）

课程（课程号，课程名）

试用 SQL 语句完成下列操作。

1. 查询所有选课学生的姓名、课程名、成绩。

2. 查询所有选修"大学英语"课程的学生姓名。

3. 把王飞同学的选课记录全部删除。

4. 统计选课表中成绩的最高分和最低分。

5. 查询学生表中所有学生的所有信息。

6. 查询所有学生党员的学号和姓名。

7. 查询女同学的学号和姓名，查询结果按入学成绩降序排列。

8. 查询男女生的入学平均成绩。

9. 检索姓名以王开头的所有学生的姓名和年龄。

10. 检索年龄大于 23 岁的男学生的学号和姓名。

11. 查询所有选课学生的全部信息（如一个同学同时选修了多门课程，学生信息只显示一次）。

12. 创建成绩单视图（视图名 cjd），包括学号、姓名、课程号、课程名及成绩共5 列。

1. select 姓名,课程名,成绩 from 学生 inner join 选课 on 学生．学号＝选课．学号 inner join 课程 on 课程．课程号＝选课．课程号;

2. select 姓名 from 学生 inner join 选课 on 学生．学号＝选课．学号 inner join 课程 on 课程．课程号＝选课．课程号 where 课程名＝'大学英语';

3. delete   from 选课 where 学号 in(select 学号 from 学生 where 姓名＝'王飞');

4. select max(成绩)   as 最高分,min(成绩)as 最低分 from 选课;

5. select   ＊   from 学生;

6. select 学号,姓名 from 学生 where 党员＝1;

7. select 学号,姓名 from 学生 where 性别＝'女'order by 入学成绩 desc;

8. select 性别,avg(入学成绩)as 平均成绩 from 学生 group by 性别;

9. select 姓名,年龄 from 学生 where 姓名 like '王%';

10. select 学号,姓名 from 学生 where 性别＝'男'and 年龄＞23;

11. select distinct 学号 from 选课;

12. create view cjd as

Select   s. 学号,姓名,sc. 课程号,课程名,成绩

from 学生 s inner join   选课 sc   on   s. 学号＝sc. 学号

inner   join 课程 c   on   sc. 课程号＝c. 课程号;

第4章 习题参考答案

一、选择题

1. A　2. A　3. C　4. D　5. B　6. D　7. A　8. B　9. D　10. B

二、简答题

1. 关系规范化理论对数据库设计有什么指导意义？

规范化理论对数据库设计人员判断关系模式优劣提供了理论标准，可用以指导关系数据模型的优化，用来预测模式可能出现的问题，为设计人员提供了自动产生各种模式的算法工具，使数据库设计工作有了严格的理论基础。

2. 关系规范化中的操作异常有哪些？它是由什么引起的？解决的办法是什么？

主要有插入异常、删除异常和修改异常，这些都是由不好的函数依赖引起的，解决的办法是进行模式分解，消除数据冗余。

3. 什么是部分函数依赖？什么是传递函数依赖？请举例说明。

部分函数依赖：如果 $X \rightarrow Y$，并且对于 X 的一个任意真子集 X' 有 $X' \rightarrow Y$ 成立，则称 Y 部分函数依赖于 X。

传递函数依赖：如果 $X \rightarrow Y$、$Y \rightarrow Z$ 且 $Y \not\subseteq X$，$Y \not\rightarrow X$，则称 Z 传递函数依赖于 X。

4. 有下表所示的项目表，判断其是否满足第二范式的条件，并说明理由。

项目代码	职员代码	部　门	累计工作时间
X21	Z2021	财务部	50
X21	Z1010	信息部	30
X42	Z1015	信息部	NULL
X42	Z3031	采购部	80
X15	Z3035	采购部	45
X21	Z1018	信息部	38

该表的码为（项目代码，职员代码）。

函数依赖有：

项目代码，职员代码 →部门（P）。

职员代码→部门（F）。

项目代码，职员代码→累计工作时间（F）。

存在部分函数依赖于码，所以该表不属于第二范式。

三、综合题

设关系模式 R（A，B，C，D，E，F），函数依赖集 F = {AB→E，AC→F，AD→B，B→C，C→D}。证明 AB、AC、AD 均是候选码。

令

$X(0) = AB$ $X(1) = ABEC$ $X(2) = ABECDF$ 全码令

$X(0) = AC$ $X(1) = ACFD$ $X(2) = ACFDB$ $X(3) = ACFDBE$ 全码令

$X(0) = AD$ $X(1) = ADB$ $X(2) = ADBEC$ $X(3) = ADBECF$ 全码

第 5 章 习题参考答案

一、单项选择题

1. A 2. D 3. C 4. C 5. C 6. A 7. C 8. C

二、简述题

1. 数据库设计的基本方法有哪些?

手工试凑法、规范法设计方法以及计算机辅助设计方法。

2. 数据库设计一般分为几个阶段,分别是什么?

数据库设计一般分为六个阶段,分别是:

① 需求分析阶段。

② 概念结构设计阶段。

③ 逻辑结构设计阶段。

④ 物理结构设计阶段。

⑤ 数据库实施阶段。

⑥ 数据库运行和维护阶段。

3. E-R 图转换为关系模式的原则是什么?

① 实体集的转换:将每个实体集转换为一个关系模式,实体的属性即为关系的属性,实体的码即为关系的码。

② 1:1 联系的转换:一个 1:1 联系可以转换为一个独立的关系,也可以与任意一端实体集所对应的关系合并。

③ 1:n 联系的转换:实体间的 1:n 联系可以有两种转换方法。

一种方法是将联系转换为一个独立的关系,其关系的属性由与该联系相连的各实体集的码以及联系本身的属性组成,而该关系的码为 n 端实体集的码。

另一种方法是在 n 端实体集中增加新属性,新属性由联系对应的 1 端实体集的码和联系自身的属性构成,新增属性后原关系的码不变。

④ m:n 联系的转换:一个 m:n 联系转换为一个关系时,与该联系相连的各实体集的码以及联系本身的属性均转换为关系的属性,新关系的码为两个相连实体码的组合。

⑤ 具有相同码的关系模式可合并。

4. 数据字典的内容和作用是什么?

数据字典包括数据项、数据结构、数据流、数据存储和处理过程五个部分。其中数据项是数据的最小组成单位,若干个数据项可以组成一个数据结构。数据字典通过对数据项和数据结构的定义来描述数据流、数据存储的逻辑内容。

5. 数据库运行和维护阶段的主要工作是什么?

数据库的转储和恢复,数据库的安全性、完整性控制,数据性能的监督、分析和改造,数据库的重组织与重构造。

6. 数据库的概念结构设计方法有哪几种?

概念结构的设计方法通常有四种：

① 自顶向下。即首先定义全局概念结构的框架，然后逐步细化；

② 自底向上。即首先定义各局部应用的概念结构，然后将它们集成起来，得到全局概念结构；

③ 逐步扩张。首先定义最重要的核心概念结构，然后向外扩充，以滚雪球的方式逐步生成其他概念结构，直至总体概念结构；

④ 混合策略。即将自顶向下和自底向上相结合，用自顶向下策略设计一个全局概念结构的框架，以它为骨架集成由自底向上策略中设计的各局部概念结构。

三、应用题

某医院病房计算机管理中心需要如下信息：

科室：科室名、科地址、科电话

病房：病房号、床位号

医生：姓名、职称、年龄、工作证号

病人：病历号、姓名、性别

某中，一个科室有多个病房、多个医生，一个病房只能属于一个科室，一个医生只属于一个科室，但可负责多个病人的诊治，一个病人的主管医生只有一个，一个病房可以入住多个病人，一个病人只住一个病房。

完成如下设计：

① 设计该中心信息管理的 E-R 图。

② 将该 E-R 图转换为关系模式结构。

① 该中心信息管理的 E-R 图如下：

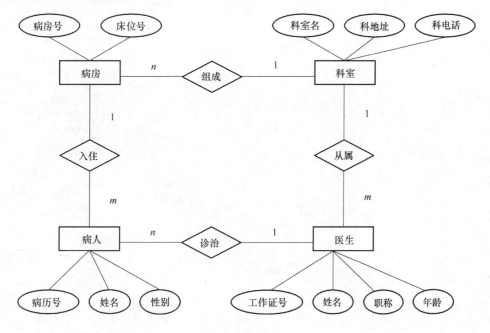

② 对应的关系模式结构如下：

科室（科室名，科地址，科电话）

病房（病房号，科室名，床位号）

医生（工作证号，姓名，职称，科室名，年龄）

病人（病历号，姓名，性别，工作证号，病房号）

第6章 习题参考答案

一、选择题

1. D 2. C 3. A 4. A 5. B 6. B 7. A 8. C

二、简答题

1. 什么是数据库的安全性？实现数据库安全性控制的常用方法有哪些？

数据库的安全性是指保护数据库以防止不合法地使用所造成的数据泄露、更改或破坏。实现数据库安全性控制的常用方法和技术有：

① 用户标识和鉴别：该方法由系统提供一定的方式让用户标识自己的名字或身份。每次用户要求进入系统时，由系统进行核对，通过鉴定后才提供系统的使用权。

② 存取控制：通过用户权限定义和合法权检查确保只有合法权限的用户访问数据库，所有未被授权的人员无法存取数据。例如 C2 级中的自主存取控制（DAC），B1 级中的强制存取控制（MAC）；

③ 视图机制：为不同的用户定义视图，通过视图机制把要保密的数据对无权存取的用户隐藏起来，从而自动地对数据提供一定程度的安全保护。

④ 数据加密：对存储和传输的数据进行加密处理，从而使得不知道解密算法的人无法获知数据的内容。

2. 什么是数据库的完整性，关系数据库中有哪些完整性约束条件？

数据库的完整性是指数据的正确性、有效性和相容性，防止错误数据进入数据库，保证数据库中数据的质量。完整性约束条件有 6 种：静态列级约束、静态元组约束、静态关系约束、动态列级约束、动态元组约束、动态关系约束。

3. 并发操作可能会产生哪几类数据不一致？用什么方法能避免各种不一致的情况？

并发操作带来的数据不一致性包括三类：丢失修改、不可重复读和读"脏"数据。

① 丢失修改（Lost Update）。两个事务 T1 和 T2 读入同一数据并修改，T2 提交的结果破坏了（覆盖了）T1 提交的结果，导致 T1 的修改被丢失。

② 不可重复读（Non-Repeatable Read）。不可重复读是指事务 T1 读取数据后，事务 T2 执行更新操作，使 T1 无法再现前一次读取结果。

③ 读"脏"数据（Dirty Read）。读"脏"数据是指事务 T1 修改某一数据，并将其写回磁盘，事务 T2 读取同一数据后，T1 由于某种原因被撤销，这时 T1 已修改过的数据恢复原值，T2 读到的数据就与数据库中的数据不一致，则 T2 读到的数据就为"脏"数据，即不正确的数据。

避免不一致性的方法和技术就是并发控制。最常用的并发控制技术是封锁技术。

也可以用其他技术，例如在分布式数据库系统中可以采用时间戳方法来进行并发控制。

4. 什么是事务？简述事务的 ACID 特性。

事务由一系列的数据操作组成，是数据库应用程序的基本逻辑单元，用来保证数据的一致性。事务 ACID 特性如下：

原子性（Atomicity）：事务中包括的所有操作，要么全都执行，要么全都不执行。原子性确保事务中包括的所有步骤都作为一个组而成功地完成，如果其中的一个步骤失败，则不应完成其他步骤。例如，银行转账事务，如果从支票账户中成功地取出了资金，就必须确保将该资金放入存款账户中或重新放回到支票账户中。

一致性（Consistency）：事务在完成时，必须使所有的数据都处于一致状态。事务处理中的所有规则都必须应用于数据的修改，以保证所有数据的完整性。例如，在一次转账过程中，第一步操作是从 A 账户减去一万元，第二步操作是给 B 加入一万元，如果只做一个操作，那么用户逻辑上就会产生错误，少一万元，这时数据就处于不一致的状态。所以，原子性和一致性是密切相关的。只有这两步操作全完成或者全不完成，才能保证数据在修改前是一致的，在修改后也是一致的。

隔离性（Isolation）：一个事务的执行不能被其他事务干扰。多个事务可以并发执行，但是一个事务内部的操作和使用的数据对于其他事务是隔离的，并发执行的事务互不干扰。例如，事务查看数据时数据所处的状态，要么是另一并发事务修改它之前的状态，要么是另一事务修改它之后的状态，事务不会查看中间状态的数据。

持久性（Durability）：事务完成之后，它对于系统的影响是永久性的。即使出现系统故障，也不会影响其执行结果。

5. 基本的封锁类型有几种？试述它们的含义。

基本的封锁类型有两种：排他锁（Exclusive Locks，简称 X 锁）和共享锁（Share Locks，简称 S 锁）。

排他锁又称为写锁。若事务 T 对数据对象 A 加上 X 锁，则只允许 T 读取和修改 A，其他任何事务都不能再对 A 加任何类型的锁，直到 T 释放 A 上的锁。这就保证了其他事务在 T 释放 A 上的锁之前不能再读取和修改 A。

共享锁又称为读锁。若事务 T 对数据对象 A 加上 S 锁，则事务 T 可以读 A 但不能修改 A，其他事务只能再对 A 加 S 锁，而不能加 X 锁，直到 T 释放 A 上的 S 锁。这就保证了其他事务可以读 A，但在 T 释放 A 上的 S 锁之前不能对 A 做任何修改。

第7章 实验内容（部分）

7.1 创建数据库

1~3 略。

4. 创建数据表

③ 使用命令创建 course 表

```
create table course(
    课程编号 varchar(9)primary key,
    课程名称 varchar(40)not null,
    考核方式 char(4)constraint ck_course_khfs CHECK(考核方式 ='考试'
or 考核方式 ='考查')constraint de_course_khfs DEFAULT('考试')not null,
    学时   intconstraint ck_course_xs CHECK(学时 > =16 and 学时 < =100)
      not null,
    学分    numeric(2,1)not null,
    先修课  varchar(9)
)
CREATE INDEX ix_course_kcmc ON course(课程名称 DESC)
```

使用命令创建 score 表

```
create table score(
    学号     char(10),
    课程编号 varchar(9),
    成绩    numeric(4,1)constraint ck_score_cj CHECK(成绩 > =0 and
      成绩 < =100)not null,
    学期    char(11)not null,
    constraint pk_score_xhkcbh primary key(学号,课程编号),
    constraint fk_score_student foreign key(学号)references Student
      (学号),
    constraint fk_score_course foreign key(课程编号)references course
      (课程编号)
)
```

其余答案略

7.2 数据更新

1. 增加数据

② 插入数据的 SQL 命令如下：

Course 表插入如下：

insert into course (课程编号,课程名称,考核方式,学时,学分) values ('04010101','管理学','考试',64,4);

insert into course(课程编号,课程名称,考核方式,学时,学分,先修课)values ('04010102','数据库系统及应用','考试',48,3,'04010103');

insert into course (课程编号,课程名称,考核方式,学时,学分) values ('04010103','计算机文化基础','考查',45,2.5);

insert into course(课程编号,课程名称,考核方式,学时,学分,先修课)values ('04010104','管理信息系统','考试',32,2,'04010102');

insert into course (课程编号,课程名称,考核方式,学时,学分) values ('04010105','工业企业经营管理','考查',48,3);

成绩表数据插入如下：

insert into score (学号,课程编号,成绩,学期) values ('2012091001', '04010101',75,'2012-2013-1');

insert into score (学号,课程编号,成绩,学期) values ('2012091001', '04010102',84,'2012-2013-2');

insert into score (学号,课程编号,成绩,学期) values ('2012091001', '04010103',68,'2012-2013-2');

insert into score (学号,课程编号,成绩,学期) values ('2012091001', '04010104',68,'2012-2013-2');

insert into score (学号,课程编号,成绩,学期) values ('2012091002', '04010101',86,'2012-2013-1');

insert into score (学号,课程编号,成绩,学期) values ('2012091002', '04010102',90,'2012-2013-2');

insert into score (学号,课程编号,成绩,学期) values ('2012091002', '04010103',67,'2011-2012-2');

insert into score (学号,课程编号,成绩,学期) values ('2012091003', '04010101',74,'2012-2013-1');

insert into score (学号,课程编号,成绩,学期) values ('2012091003', '04010102',45,'2012-2013-2');

insert into score (学号,课程编号,成绩,学期) values ('2012091004', '04010101',72,'2012-2013-1');

insert into score (学号,课程编号,成绩,学期) values ('2012091005', '04010101',56,'2012-2013-1');

2. 通过 SQL 语句对数据进行维护。

① 将工商管理 121、财务管理 122、信息管理 122 三个班级的入学年份更新为 2012，将市场营销 101 班的入学年份调整为 2010。

```
update class set 入学年份 =2012 where 班级名称 ='工商管理121';
update class set 入学年份 =2012 where 班级名称 ='财务管理122';
update class set 入学年份 =2012 where 班级名称 ='信息管理122';
update class set 入学年份 =2010 where 班级名称 ='市场营销101';
```

② 将"信息管理 122"和"市场营销 101"两个班级信息删除。

```
delete from class where 班级名称 ='信息管理122';
delete from class where 班级名称 ='市场营销101';
```

③ 将王大伟的入学成绩改为 515，观察运行结果。

```
update student set 入学成绩 =515 where 姓名 ='王大伟';
```

④ 给所有学生党员的入学成绩加 5 分。

```
update student set 入学成绩 =入学成绩 +5 where 党员否 =1;
```

⑤ 将 student 表中的"陈石"的信息删除。

```
delete from student where 姓名 ='陈石';
```

⑥ 将 course 表中的"工业企业经营管理"行删除。

```
delete from course where 课程名称 ='工业企业经营管理';
```

⑦ 将"孙晓楠"的性别修改为女，出生日期改为 1992 年 8 月 28 日，入学成绩改为 520 分。

```
update student set 性别 ='女',出生日期 ='1992-8-28',入学成绩 =520 where
姓名 ='孙晓楠';
```

⑧ 修改 course 表的结构，考核方式、学时、学分允许空，向表中添加一条记录，课程编号：09101010，课程名称：战略管理。

```
alter table course alter Column 考核方式 char(4) null
alter table course alter column 学时 int null
alter table course alter column 学分 numeric(2,1)null
insert into course(课程编号,课程名称)values('09101010','战略管理');
```

⑨ 删除"战略管理"这门课程。

```
delete from course where 课程名称 ='战略管理';
```

7.3 简单查询

① 查询 student 表中所有学生的详细信息。

```
select * from student;
```

② 查询所有开设课程的课程名称及考核方式。

```
select 课程名称,考核方式 from course;
```

③ 查询所有选课学生的学号（如一个同学同时选修了多门课程，学号只显示一次）。

```
select distinct 学号 from score;
```

④ 查询所有学时在 [40, 60] 范围内的课程的课程编号和课程名称（分别用 AND 和

BETWEEN 运算符实现)。

select 课程编号,课程名称 from course where 学时 >=40 and 学时 <=60;

select 课程编号,课程名称 from course where 学时 between 40 and 60;

⑤ 查询所有学生党员的学号和姓名。

select 学号,姓名 from student where 党员否 =1;

⑥ 查询所有姓"张"的学生的姓名和性别(分别用 LEFT 函数和 LIKE 运算符实现)。

select 姓名,性别 from student where 姓名 like '张%';

select 姓名,性别 from student where left(姓名,1) ='张';

⑦ 查询姓名中包含"灵"的学生信息。

select * from student where 姓名 like '% 灵%';

⑧ 查询所有学生的姓名及年龄,并按照年龄从小到大的顺序显示,列名为姓名、年龄。

select 姓名,year(getdate())-year(出生日期)as 年龄 from student order by 年龄 asc;

⑨ 查询入学成绩在前20%的学生姓名,并列的只显示一个。

select top 20 percent 姓名 from student order by 入学成绩 desc;

⑩ 查询入学成绩排在前三位的学生姓名。

select top 3 with ties 姓名 from student order by 入学成绩 desc;

⑪ 查询所有 10 月份出生的学生人数。

select count(*)学生人数 from student where month(出生日期) =10;

⑫ 查询没有先修课的课程名称。

select 课程名称 from course where 先修课 is null;

⑬ 查询入学成绩的最高分和最低分,列名分别为最高分和最低分。

select max(入学成绩)最高分,min(入学成绩)最低分 from student;

⑭ 统计男女生的入学平均成绩,显示性别和平均成绩两列。

select 性别,avg(入学成绩)平均成绩 from student group by 性别;

⑮ 统计考试和考查两种性质课程的总学分,显示课程性质和总学分两列。

select 考核方式 课程性质,sum(学分)总学分 from course group by 考核方式;

⑯ 查询选修了2门以上(包括两门)课程的学生的学号。

select 学号 from score group by 学号 having count(*) >=2;

⑰ 查询班级编号为 GSGL121 班年龄最小的学生信息。

select top 1 * from student where 班级编号 ='GSGL121' order by year(getdate())-year(出生日期)asc;

⑱ 查询班级编号为 CWGL122 班的入学平均分、最高分、最低分,列名分别显示为平均分、最高分、最低分。

select AVG(入学成绩)as 平均分,MAX(入学成绩)as 最高分,min(入学成绩)as 最低分 from student where 班级编号 ='CWGL122';

⑲ 查询所有第 1 学期上课的学号、课程编号、成绩。

select 学号,课程编号,成绩 from score where right(学期,1) ='1';

⑳ 从 student 表中随机查询 5 名学生的详细信息。

select top 5 * from student order by NEWID();

㉑ 查询当前时刻。

select getdate();

7.4 复杂查询

① 查询所有选课学生的姓名和选修课程的课程编号。

select 姓名,课程编号 from student inner join score on student. 学号 = score. 学号;

② 查询所有选课学生的姓名、课程名称和成绩。

select 姓名,课程名称,成绩 from student inner join score on student. 学号 score. 学号 inner join course on course. 课程编号 = score. 课程编号;

③ 查询所有学生的姓名、课程名称、成绩,包括未选课的同学。(即选课的同学显示姓名、课程名、成绩,未选课的同学只显示姓名)。

select 姓名,课程名称,成绩 from student left outer join score on student. 学号 = score. 学号 left outer join course on course. 课程编号 = score. 课程编号;

④ 查询所有选修"管理学"课程的学生名单。

select 姓名 from student inner join score on student. 学号 = score. 学号 = inner join course on course. 课程编号 = score. 课程编号 where 课程名称 ='管理学';

⑤ 查询同时选修了"管理学"和"计算机文化基础"两门课程的学生名单。

select 姓名 from student inner join score on student. 学号 = score. 学号 inner join course on course. 课程编号 = score. 课程编号 where 课程名称 ='管理学'and 姓名 in(select 姓名 from student inner join score on student. 学号 = score. 学号 inner join course on course. 课程编号 = score. 课程编号 where 课程名称 ='计算机文化基础');

⑥ 查询选修了"管理学"但没选修"计算机文化基础"课程的学生名单。

select 姓名 from student inner join score on student. 学号 = score. 学号 inner join course on course. 课程编号 = score. 课程编号 where 课程名称 ='管理学'and 姓名

not in(select 姓名 from student inner join score on student. 学号 = score. 学号 inner join course on course. 课程编号 = score. 课程编号 where 课程名称 ='计算机文化基础');

⑦ 查询所有入学成绩高于平均成绩的学生名单和入学成绩。

select 姓名,入学成绩 from student where 入学成绩 > (select avg(入学成绩) from student);

⑧ 查询所有党员及选修了 04010101 课程的学生的学号。

select student. 学号 from student inner join score on student. 学号 =
score. 学号 where student.

党员否 =1 and score. 课程编号 ='04010101';

⑨ 查询入学成绩高于所有男同学的女同学姓名。

select 姓名 from student where 性别 ='女'and 入学成绩 > (select max(入学
成绩)from student where 性别 ='男');

⑩ 查询入学成绩高于任意一名女同学的男同学姓名。

select 姓名 from student where 性别 ='男'and 入学成绩 > (select min(入学
成绩)from student where 性别 ='女');

⑪ 查询所有开课课程的课程名及先修课名称，显示课程名称和先修课两列（只显示
有先修课的课程）。

select c1. 课程名称,c2. 课程名称 先修课 from course c1 inner join
course c2 on c1. 先修课 =c2. 课程编号;

⑫ 查询学号为 "2012091002" 同学比学号为 "2012091001" 同学成绩高的选修课程
的编号。

select sc1. 课程编号 from score sc1 inner join score sc2 on sc1. 课程编
号 =sc2. 课程编号 where sc1. 学号 ='2012091002'and sc2. 学号 ='2012091001'
and sc1. 成绩 >sc2. 成绩;

⑬ 查询选修了学号为 "2012091003" 同学选修的全部课程的学生名单（不包括
本人）。

select 姓名 from student where 学号 < >'2012091003'and not exists(se-
lect 课程编号 from score sc1 where sc1. 学号 ='2012091003'and not exists
(select * from score sc2 where sc2. 学号 =student. 学号 and sc2. 课程编号 =
sc1. 课程编号));

⑭ 查询至少与学号为 "2012091001" 同学选修了同一门课程的学生名单。

select distinct 姓名 from student inner join score on student. 学号 =
score. 学号 and student.

学号 < >'2012091001'and 课程编号 in(select 课程编号 from score
where 学号 ='2012091001');

⑮ 查询选修了全部课程的学生名单。

select 姓名 from student where not exists(select * from course where
not exists (select * from score where score. 学号 =student. 学号 and
score. 课程编号

=course. 课程编号));

⑯ 查询工商管理 121 班男生人数和女生人数及合计信息。

select isnull(cast (性别 as char (4),'合计')性别,count (*)人数 from
student inner join class on student. 班级编号 =class. 班级编号 where 班级

名称 ='工商管理'group by 性别 with rollup;

⑰ 进行分段统计，显示为每门课程良好以上、以下以及合计的学生人数。

select sc1. 课程编号,(select count(*)from score sc2 where sc2. 课程编号 =sc1. 课程编号 and 成绩 > =80)良好以上,(select count(*)from score sc3 where sc3. 课程编号 = sc1. 课程编号 and 成绩 < =80)良好以下,count(*)合计 from score sc1 group by sc1. 课程编号;

7.5 视图操作

1. 建立视图

① 建立所有男同学的视图 VBoy_Student 和所有女同学的视图 VGirl_Student。

create view vboy_student as select * from student where 性别 ='男';

create view vgirl_student as select * from student where 性别 ='女';

② 建立学生明细信息视图 vstudentdetail，包括学生基本信息和每个学生的所在班级信息。

create view vstudentdetail as select student. *,class. 班级名称,class. 班级人数,class. 入学年份,class. 所属专业 from student inner join class on student. 班级编号 =class. 班级编号;

③ 建立工商管理 121 班选修了 04010101 号课程且成绩在 60 分以上的学生的视图 Vgs121good_04010101（包括学生姓名、课程编号和成绩）。

create view vgs121good_04010101 as select student. 姓名,score. 课程编号,score. 成绩 from student inner join score on student. 学号 =score. 学号 inner join class on class. 班级编号 =student. 班级编号 where 班级名称 ='工商管理121' and 课程编号 ='04010101' and 成绩 > =60;

④ 建立一个反映所有学生姓名和年龄的视图 VS_BT。

create view vs_bt as select 姓名,year(getdate())-year(出生日期)年龄 from student;

⑤ 将学生的学号及他的平均成绩定义为一个视图 Vpjcj_Student。

create view vpjcj_student as select 学号,avg(成绩)平均成绩 from score group by 学号;

⑥ 将课程编号及选修人数定义为一个视图 VCount_Xuanxiu。

create view vcount_xuanxiu as select 课程编号,count(*)选修人数 from score group by 课程编号;

⑦ 基于实验7.4 操作17，创建"分段统计"视图。

create view 分段统计 as select sc1. 课程编号,(select count(*)from score sc2 where sc2. 课程编号 =sc1. 课程编号 and 成绩 > =80)良好以上,(select count(*)from score sc3 where sc3. 课程编号 =sc1. 课程编号 and 成绩 < =80)良好以下,count(*)合计 from score sc1 group by sc1. 课程编号;

2. 查询视图

① 在所有男同学的视图中 VBoy_Student 找出年龄大于 21 岁的学生。

```
select * from vboy_student where year(getdate())-year(出生日期)
>21;
```

② 在所有学生出生年份的视图 VS_BT 中查询比张楚年龄还小的学生信息。

```
select * from vs_bt where 年龄 < (select 年龄 from vs_bt where 姓
名='张楚');
```

③ 在视图 Vpjcj_Student 查询平均成绩小于 60 的学生的学号和平均成绩。

```
select 学号,平均成绩 from vpjcj_student where 平均成绩<60;
```

④ 在 VCount_Xuanxiu 中查询选修人数在 2 人以上的课程编号。

```
select 课程编号 from vcount_xuanxiu where 选修人数>2;
```

⑤ 从"分段统计"视图中查询课程编号为 04010101 的统计信息。

```
select * from 分段统计 where 课程编号='04010101';
```

⑥ 从"vstudentdetail"视图中查询所有姓"张"的学生明细信息。

```
select * from vstudentdetail where 姓名 like '张%';
```

3. 更新视图

① 向视图 VBoy_Student 中插入一个新的学生记录，其中学号为"2012091020"，姓名为赵新，性别为男，出生日期为 1993-1-1，入学成绩为 530，党员否为 1，班级编号为 GS-GL121。

```
insert into vboy_student values('2012091020','赵新','男','1993-1-1',
530,1,null,null,'GSGL121');
```

② 删除视图 VBoy_Student 中学号为"2012091020"的记录。

```
delete from vboy_student where 学号='2012091020';
```

③ 更新视图 Vpjcj_Student 中学号为"2012091001"的平均成绩为 75 分。（查看执行结果，找出不能执行的原因）

```
update vpjcj_student set 平均成绩=75 where 学号='2012091001';
```

4. 删除视图

① 删除 VS_BT 视图。

```
drop view vs_bt;
```

② 删除 VBoy_Student 视图。

```
drop view vboy_student;
```

7.6 Transact-SQL 程序设计

1. 显示当前运行的数据库的版本、服务器名称、当前使用的语言 ID 和名称以及最近一次查询涉及的行数

```
select @@VERSION
select @@SERVERNAME
select @@LANGID
select @@LANGUAGE
```

```
select @ @ ROWCOUNT
```

2. 输入程序

```
Declare @ sum smallint,@ i smallint,@ nums smallint
Set @ sum = 0
Set @ i = 1
Set @ nums = 0
While(@ i < = 100)
    Begin
      If(@ i% 3 = 0)
        Begin
          Set @ sum = @ sum + @ i
          Set @ nums = @ nums + 1
        End
      Set @ i = @ i + 1
    End;
Print '总和是:' + str(@ sum)
Print '个数是:' + str(@ nums)
```

此程序的功能是：计算 1 ~ 100 之间能被 3 整除的数的和及个数。

3. 新建一个查询

```
Use 学生
Select student. 学号,姓名,课程名称,成绩 =
Case
    When 成绩 is null then '未考'
    When 成绩 < 60 then '不及格'
    When 成绩 < 70 and 成绩 > = 60 then '及格'
    When 成绩 < 80 and 成绩 > = 70 then '中等'
    When 成绩 < 90 and 成绩 > = 80 then '良好'
    When 成绩 > = 90 then '优秀'
    End
From student inner join score on student. 学号 = score. 学号
      inner join course on course. 课程编号 = score. 课程编号
order by student. 学号,course. 课程编号,score. 成绩 desc;
```

此程序的功能是：显示所有学生的学号、姓名、课程名称及成绩，成绩用优、良、中、及、不及格和未考表示，并根据学号、课程编号和成绩排序。

4. 在查询窗口中输入程序

```
Use 学生
BEGIN TRANSACTION
DECLARE @ SCORE1 NUMERIC(4,1),@ SCORE2 NUMERIC(4,1)
```

SELECT @ SCORE1 = 成绩 FROM SCORE WHERE 学号 ='2012091001' and 课程编号 ='04010101'

SELECT @ SCORE2 = 成绩 FROM SCORE WHERE 学号 ='2012091001' and 课程编号 ='04010102'

UPDATE SCORE SET 成绩 = @ SCORE2 WHERE 学号 ='2012091001' and 课程编号 ='04010101'

UPDATE SCORE SET 成绩 = @ SCORE1 WHERE 学号 ='2012091001' and 课程编号 ='04010102'

COMMIT;

此程序的功能是：将学号为 2012091001 的学生 04010101 号课程与 04010102 号课程的成绩互换。

5. 按要求进行 Transact-SQL 程序设计

① 求 1-100 之间的整数和，并输出结果。

此程序设计如下：

```
Declare @ sum smallint,@ i smallint,@ nums smallint
Set @ sum =0
Set @ i =1
Set @ nums =0
While(@ i < =100)
  Begin
Set @ sum =@ sum +@ i
Set @ nums =@ nums +1
Set @ i =@ i +1
  End;
Print '1-100 总和是:' + str (@ sum)
```

② 将 50 以内所有偶数显示出来。

此程序设计如下：

```
Declare @ sum smallint,@ i smallint,@ nums smallint
Set @ sum =0
Set @ i =1
Set @ nums =0
While(@ i < =50)
    Begin
    If(@ i% 2 =0)
        Begin
            Set @ sum =@ sum +@ i
            Set @ nums =@ nums +1
        End
```

```
        Set @ i = @ i + 1
      End;
  Print '50 以内偶数和是:' + str(@ sum)
```

③ 显示所有学生的学号、姓名和党员否的信息,如果党员否为1输出"党员",否则输出"非党员"。

```
Use 学生
Select 学号,姓名,党员否 =
Case
  When 党员否 = 0 then '非党员'
  When 党员否 = 1 then '党员'
  End
From student
go
```

④ 设计一个事务,在 score 表中插入一条记录,其值为('2012091005','04010102',0,'2012-2013-2'),如果04010102号课程选修人数在30人以下,则提交事务,否则撤销事务。

```
declare @ sc_no smallint
Use student
begin transaction
insert into score values('2012091005','04010102',0,'2012-2013-2')
select @ sc_no = count(*)from score where 课程编号 = '04010102'
if @ sc_no < 30
    commit
else
    rollback
```

7.7 存储过程与触发器

1. 创建和执行存储过程

① 使用 SQL 语句创建一个存储过程,要求根据男女生人数来输出不同的信息。如果男生人数大于女生,输出"男比女多",否则输出"女比男多",存储过程名称为 showperson。

```
create proc showperson as
declare@ 男生人数 int,@ 女生人数 int
select @ 男生人数 = count(*)from student where 性别 = '男'
select @ 女生人数 = count(*)from student where 性别 = '女'
if @ 男生人数 > @ 女生人数
    print'男比女多'
else
```

213

　　print'女比男多'

　　② 查询某学生（学号）某学期选修课程的成绩，结果显示为学号、姓名、课程编号、成绩、学期，存储过程名称为"查询成绩"。

　　create proc 查询成绩(@ 学号 char(10),@ 学期 char(11))as

　　select student.学号,姓名,课程编号,成绩,学期 from score inner join student on score.学号

　　　=student.学号

　　where student.学号 =@ 学号 and 学期 =@ 学期;

　　③ 创建存储过程 proc_cjcx，根据输入的课程名称查询该课程的平均成绩、最高分和最低分，执行存储过程 proc_ cjcx，查询"管理学"课程的信息。

　　create proc proc_cjcx(@ 课程名称 varchar(50))as

　　select avg(成绩)平均成绩,sum(成绩)总成绩,max(成绩)最高分,min(成绩)最低分 from

　　score inner join course on score.课程编号 = course.课程编号 where 课程名称 =@ 课程名称;

　　执行查询

　　exec proc cjcx@ 课程名称 ='管理学'

　　④ 创建存储过程"查询学生信息"，如果给出姓名，则查询指定姓名的学生详细信息（包括学生信息和班级信息），如果不给出姓名，则查询所有学生的详细信息（包括学生信息和班级信息）

　　create proc 查询学生信息(@ 姓名 varchar(50)=null)as

　　if@ 姓名 is null

　　begin

　　　select * from student inner join class on student.班级编号 =class.班级编号

　　end

　　else

　　begin

　　　select * from student inner join class on student.班级编号 =class.班级编号

　　where student.姓名 =@ 姓名

　　end

　　⑤ 创建存储过程，名为"学生成绩综合查询"，参数为姓名、课程名称及学期，显示结果为学号、姓名、课程名称、成绩、学期。

　　create proc 学生成绩综合查询(@ 姓名 varchar(50),@ 课程名称 varchar(50),@ 学期 char(11))

　　　as

　　select student.学号,姓名,课程名称,成绩,学期 from student inner join

score on student.学号

= score.学号

inner join course on course.课程编号 = score.课程编号

where 姓名 = @ 姓名 and 课程名称 = @ 课程名称 and 学期 = @ 学期;

⑥ 创建存储过程，名为"根据班级名称查询学生信息"，显示学生信息和班级信息，并且对此存储过程进行加密处理。

create proc 根据班级名称查询学生信息(@ 班级名称 varchar(50))with en-cryption as

select * from student inner join class on student.班级编号 = class.班级编号

where 班级名称 = @ 班级名称;

2. 删除存储过程

① 删除存储过程：showperson。

Drop proc showperson;

② 删除存储过程：根据班级名称查询学生信息。

Drop proc 根据班级名称查询学生信息;

3. 触发器操作

① 在 student 表中，设计学号的长度为 10 位，但如果录入小于 10 位的学号信息也是可以保存的，为了保证学号位数的一致性，限制学号长度必须为 10 位。建立触发器，名为 xuehaolength。

CREATE trigger xuehaolength on student FOR INSERT,UPDATE

AS

if exists(select * from inserted where len(学号) <10)

begin

    print '学号不能小于位!'

    rollback

end

② 略。

③ 为 student 创建一个触发器 trig_ up。要求：若向表 student 中插入或修改记录时，限制其入学成绩不能低于 400 分，否则不允许操作。

CREATE trigger trig_up on student FOR INSERT,UPDATE

AS

if exists(select * from inserted where 入学成绩 <400)

begin

    print '入学成绩小于400'

    rollback

end

④、⑤略。

⑥ 为表 student 创建一个触发器 trig_del，要求不允许从表 student 中删除党员记录。

```
CREATE trigger trig_del on student FOR delete
AS
if exists(select * from deleted where 党员否 =1)
begin
    print '能删除党员的记录'
    rollback
end
```

⑦ 略。

⑧ 创建触发器 trig_del_course，要求删除某门课程时，同时删除选择此门课程的所有选课记录（注意：执行前做好数据备份）。

```
CREATE trigger trig_del_course on course instead of delete as
declare @ courseid varchar(9)
select @ courseid =课程编号 from deleted
delete from score where 课程编号 =@ courseid
delete from sourse where 课程编号 =@ courseid
```

参考文献

[1] 王成，王世波，吴占坤. 数据库系统应用教程［M］. 北京：清华大学出版社，2008.

[2] 王成，杨铭，王世波. 数据库系统应用实验教程［M］. 北京：清华大学出版社，2008.

[3] 王珊，萨师煊. 数据库系统概论［M］. 4 版. 北京：高等教育出版社，2006.

[4] 苗雪兰，等. 数据库系统原理及应用教程［M］. 2 版. 北京：机械工业出版社，2007.

[5] 张迎新. 数据库原理、方法与应用［M］. 北京：高等教育出版社，2004.

[6] 郑世珏，杨青. 数据库技术及应用基础教程［M］. 北京：高等教育出版社，2005.

[7] Michael Kifer，等. 数据库系统——面向应用的方法（影印版）［M］. 2 版. 北京：高等教育出版社，2005.

[8] 马晓梅. SQL Server 2000 实验指导［M］. 北京：清华大学出版社，2006.

[9] 李建东. 数据库应用教程实验指导与习题解答（Visual Basic + SQL Server）［M］，北京：清华大学出版社，2008.

[10] 徐洁磐，等. 数据库系统实用教程［M］. 北京：高等教育出版社，2006.

[11] 王恩波. 网络数据库实用教程——SQL Server2000［M］. 北京：高等教育出版社，2004.

[12] 唐红亮，等. SQL Server 数据库设计与系统开发教程［M］. 北京：清华大学出版社，2007.

[13] 祝红涛，李玺. SQL Server 2008 数据库应用简明教程［M］. 北京：清华大学出版社，2010.

[14] 何玉洁，梁琦. 数据库原理与应用［M］. 2 版. 北京：机械工业出版社，2011.

[15] 王月海，等. 数据库基础教程［M］. 北京：机械工业出版社，2011.